Fair Isle Knitting

难忘的费尔岛编织之旅

费尔岛传统编织作品20款

（日）佐藤千寻　著
梦工房　译

河南科学技术出版社
·郑州·

目录

经典整体图案
OLD OVERALL PATTERN

育克图案
YOKE PATTERN

"OXO"图案&镶边图案
OXO PATTERN & BORDER PATTERN

●图片与实际作品颜色有差别

前　言

“I love knitting（我爱编织）”，费尔岛上会编织的人总会毫不犹豫地这样说。我觉得，编织“是一件开心的事情”，其初衷是为了人们的生活、穿着更合心意。

我尽我所能，将至今仍记住的和从别人那里学习到的编织知识，以通俗易懂的方式传授给大家。我最大的目的就是希望大家通过这本书，能够快乐地享受编织。

费尔岛花样编织也是人们智慧一点一点的积累，它并不是唯一的编织方法。毛线的拿法、起针的方法等，可以根据自己的习惯改变，这是费尔岛上的老师告诉我的。

我编织着费尔岛花样时，脑海中浮现的是设得兰群岛的大自然以及在那里结识的人们，享受着无尽的配色编织的快乐。

编织会给所有人带来快乐！我衷心期待，在我们每一个人的心中都能对传承编织传统的人们心存感激。

佐藤千寻

Keterukesiru

阳光

阳光

照耀晶莹水面

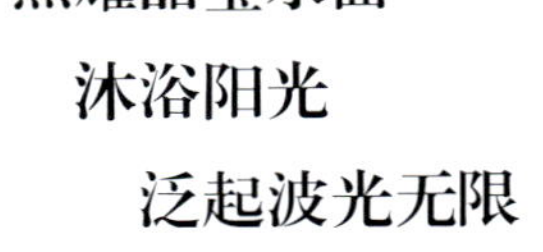

沐浴阳光

泛起波光无限

编织方法：第57页

女士毛衣 用12色表现图案。近看有些模糊，远看则花样清晰。这件规则编织的费尔岛花样套头毛衣，不仅正面美丽，反卷的衣领也展示给了我们同样美丽的背面。

Joyful Season

快乐季节

快乐洋溢的季节
漫长、灰暗的严冬远去
大地绽放不向强风低头的
缤纷花朵
在设得兰群岛的短暂夏天
我们听到大自然的赞歌

编织方法：第58页

女士毛衣 使用连续花样，让轮廓柔和呈现。编织这件开襟毛衣时，边回忆设得兰群岛的风景，边享受配色的快乐。

Sea Pink

粉红花

在费尔岛断崖
粉红色的花紧紧抓住岩壁
可爱的“sea pink”
毫无做作地微笑
像天真无邪的小女孩

编织方法：第60页

儿童毛衣 | 组合图案的女童开襟外套，通过单纯的颜色组合，演绎出“小而可爱”的率真。

Turning
驿动时光

冬日的大海——
从嵌入海岸线的断崖
远远望去
柔和的色彩交融在一起
午后——
有条不紊的波浪在回归

编织方法：第61页

男士毛衣 在不规则的底色上规则地加入配色线。
边感觉回归的波浪，边编织男款毛衣。

勒威克的街道。石板路以及石砌的墙壁上色彩鲜艳的门、窗非常可爱

勒威克港口

和设得兰群岛相识

岛上唯一的一条主干道商业街

腰上的黑色编织物就是我朝思暮想的编织腰带

设得兰群岛位于和挪威卑尔根、英国本土阿伯丁几乎等距离的位置上，是漂浮在北海正中间的海岛。它由100个有人居住岛和15个无人居住岛组成，人口约2万多。人们称这里的人口还没有一年当中放养在野外的羊多。5月到9月为岛上的观光季节。乘飞机从阿伯丁到达设得兰群岛需要50分钟，乘坐渡轮从阿伯丁港口出发则需要13小时才能到达。

1989年，我拜读了日本宝库社出版的富田纪子著的《大海男人的毛衣》一书，书中夹着一份出版纪念旅行介绍，这份介绍是我结识设得兰群岛的开端。“无论如何都想去看看！不过我有三个女儿，最小的刚刚1岁……”“去吧，去吧，这种机会很难得，下次还不知道什么时候才有这种机会呢。”家里的人这样鼓动我。满怀要亲眼看看蜘蛛网一样的设得兰蕾丝、亲手得到日思夜想的编织腰带的强烈愿望，我最终开始了这次旅行。

傍晚六点半开始乘船。这是我第一次这样长时间坐船，在船上睡了一觉后，第二天早上七点半船上开始广播，提示“船即将靠岸”。我站上甲板，怀着莫名的心情眺望远处朝思暮想的设得兰群岛。

设得兰群岛住宿一晚的日程包括参观遗迹、剃羊毛见习、参观编织博物馆、动手制作设得兰蕾丝等安排。在岛上唯一的商业街自由活动时，我背着背包，在街上四处寻找编织腰带。可是，无论是在手工店，还是在编织店，都没有发现编织腰带的踪影，我开始怀疑编织腰带是否属于个人的编织作品。就在这时，一个店里的人告诉我：“在鞋店里有售哦。”

在东京习惯了琳琅满目商品的我，想象中编织腰带非常精致，但刚刚见到实物的时候觉得有些过于简单，并且尽管穿针的部分有饰边，却是用的细细的化纤绳，这让我感到很吃惊。现在回头想想，只有通过长时间使用，出现了褶皱和针迹后，才能真切感受到这种编织腰带的精妙所在。

参加这次旅行的另一个重要收获，是获得了设得兰的毛线样品册。这107种毛线在日本也能够买到。我原想通过它告诉我开居家编织工作室的朋友，于是满怀兴奋之情带着藏有很多漂亮混纺毛线的毛线样品册回到日本。

第一次来到设得兰群岛的我，感觉有些地方似曾相识，非常希望今后有机会能够再来。彼时的天空蔚蓝一片，但那时我尚不清楚这是我的幸运……

设得兰群岛的气候一天之中变化万端，此刻还是瓢泼大雨，转眼之间万里晴空；西面乌云压顶，东面却云丝不见。有雨的时候，身体如果不弓下去是很难迈动脚步的，可见强风和暴雨的威力。我有时候会感觉到自己仿佛已经被风吹跑了。有时候一年中厚厚的外套不能离身，有的年份也会出现短暂的晴朗夏日。

此次旅行后的1991年，我独自创办了“SHAELA”，开始了个人进口毛线的业务。尽管很辛苦，但是每天都有107色的毛线围绕在周围，令我感到开心不已。教我学会编织的祖母曾经说过：“如果把毛线店的毛线架子原封不动搬到自己家里该多好啊！”现在，我实现了祖母的愿望。

每年来一次日本的设得兰群岛毛线厂的社长比特对我说：“请一定到工厂来参观一下。”面对比特的邀请，我打定主意：“尽管现在去有些困难，但是我一定会去的。我要再次去设得兰群岛！”这个愿望我一直没有放弃。

之后，我们举家搬到了丈夫的新工作地——德国。在不习惯的海外生活终于安定下来后，我一直在想：“从这里去设得兰群岛要比从日本去近很多。这个机会不能错过！”家里的人对我说：“如果自己能够准备好，可以去。”于是，我开始了再次去设得兰群岛的计划。

不喜欢大飞机的我，于1996年4月登上了一架可乘坐30人的螺旋桨飞机。“只要能够到达设得兰群岛就好。”我这样对自己说。随着机内“请系上安全带”的指示，机体开始大幅倾斜，螺旋桨似乎就要接触到海面。在我紧紧抓住扶手的一刹那，飞机着陆了。

雨后色彩神奇的天空、冷飕飕的空气、不一样的气味和光线，似乎所有的一切都在对我说：“欢迎来到设得兰群岛！”我静静地享受这幸福的一刻。

我第二次来设得兰群岛停留了4天3夜。预定的日程只有参观比特的工厂和与当地的编织朋友聚会。只因为一句“因为我喜欢编织，所以我来了”，当地的人立刻为我安排了很多日程，就像一滴滴落水面的油滴，反射着彩虹的光彩扩散开来……当时的兴奋心情至今难忘。

也许是注定的，当大家劝我参加随后的夏日研修旅行时，我毅然决定：五个月后再来这个令我恋恋不舍的地方。

Jamison’s Spinning Ltd.的比特社长

位于本岛西端山德斯的比特工厂。每年我都会来一次

比特的父亲巴迪。第二次来设得兰群岛的时候他亲自来机场迎接我

Acceptance
大自然的包容力

包容一切的
伟大的大自然
在这里所有的色彩
没有任何光怪陆离
和谐地绽放
属于自己的那份美丽

编织方法：第64页

男士毛衣 晨雾中山体的茶色和紫色，彼此映衬出美丽的色彩。这是雄伟大自然带给我们的意外惊喜。尽管是男士开襟毛衣，但作为女士的外套也很适合。

Murmur of a Meadow

牧场草地的私语

比岛上人口

还要多的羊儿

只听得到它们吃草的声音……

夏日的夜晚

在掠过草地的风中

我们听到了牧场草地的私语……

编织方法：第66页

男士背心 | 根据牧场草地风景中的各种绿色设计的编织。享受大自然中绿色的色彩变幻吧……
领窝、袖窿、下摆的边缘编织也各自添加了一些变化。

Mousewell

蒙斯维尔

莫莉女士居住的蒙斯维尔
每次造访这里
都能看到她令人放松的微笑
孩童般无邪的莫莉
永远享受编织快乐的莫莉
无论何时何地
永远带给我微笑的莫莉

编织方法：第67页

儿童毛衣 莫莉女士家前的蓝色天空和丢弃在那里的红色客车，在我的记忆中留下了蓝色和红色的强烈对比。这是我一直想使用这种对比色编织的一件作品。适合男孩和女孩。

Nostalgia
思乡

每个人都拥有
对儿时的记忆
千代纸、榻榻米上铺开的彩纸
节日的服装……
接踵而至的是
对祖母的思念之情

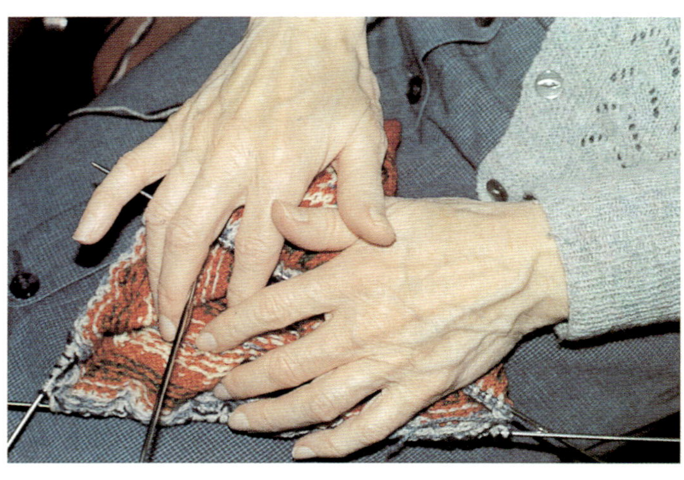

编织方法：第70页

女士毛衣 | 用1针下针、1针上针尝试收边的双罗纹针配色编织，出乎意料地充满乐趣。
这个偶然的发现让我情不自禁地笑了起来。

Shaela

灰色

阴沉的灰色天空

那是

设得兰群岛天空的典型颜色

不知道在什么地方珍藏着温暖

静静演绎着色彩的和谐

女士背心

"Shaela"是设得兰的方言，意思是灰色。这款作品以大自然中养育的灰羊的灰色羊毛为主材，用三色毛线编织出清晰的花样。这是我第一次为自己编织。

编织方法：第51页

Quiet Twilight

寂静黄昏

夜一般的静寂
使心情变得很平静
黄昏的大海和天空
随着时间的消逝而变化
微妙的色彩排列

儿童背心

用三色线编织图案的儿童背心。当地的人跟我说这是“设得兰色彩”，是一件令我开心的作品。

编织方法：第69页

夏季研修会场。自左而右依次为弗洛伦斯、我、劳伦、苏

我的老师弗洛伦斯和她的丈夫马格尼

令人难忘的夏日研修

机器编织课程的老师芭芭拉

自左而右为艾丽莎贝斯、海伦、劳特

一起参加夏季研修的威尔玛。图为她的编织店。整面墙的样品很精彩

举办这次研修的设得兰学院在什么地方？有多少人参加？它是什么样的课程？我的英语水平能够跟得上吗？带着各种疑问和不安我来到了欢迎会场。参会者包括我共7个人——4名日本人、2名美国人和1名英国人。

设得兰学院位于拉维克的北端，从市中心徒步过去要花30分钟。有人乘坐数量很少的公交车来到这里，也有人乘坐老师的车过来。习惯之后开始慢悠悠地步行，途中会乘坐上老师的汽车，没有硬性规定，随机应变是这里的做事方法。

◆◆◆◆◆◆

传统编织课程的老师是弗洛伦斯，机器编织课程的老师是芭芭拉。上课的时候，首先发给大家图解传统编织要点的资料和图案用纸，接着开始只进行正面编织的样品练习。之后选择图案，编织配色样品。练习的时候使用的是弗洛伦斯带来的剩余毛线，如果编织作品的话需要在下课后或者来学校前到毛线店选择自己喜欢的毛线。选择颜色犹豫不决的我，放弃了为人编织服装。但考虑到给小女儿的礼物，决定为玩偶兔子编织一件毛衣。这是为了完成全程学习而出的下策，即使这样，在学院从上午9点到下午4点也要不停编织，回到住处，在昏暗的照明中，床上摆满了各色毛线，常常编织到深夜。

同桌的英国人苏帮了我很大忙，为我解释难以听明白的设得兰群岛方言，帮助我确认一些必需的联络事项等。她非常喜欢设得兰群岛，经常往返这里，告诉我们店铺和活动信息，邀请我们一起喝茶吃饭，使得我们的闲暇时光非常充实。

其中的一个活动是介绍设得兰群岛传统与文化的“夏日手工展”，这是编织者和手工爱好者展示技法的节日。会场上有销售岛上手工作品的店铺，也有现场民族音乐演奏、舞蹈，还有品尝美食的地方，热闹非凡。

在这里我认识了74岁的编织者海伦。她是从东北方向的沃尔塞岛来的。纵向的费尔岛花样是这个地区的特征，海伦也用这种花样编织了开襟毛衣。她5岁的时候开始跟着妈妈学习编织，现在接受客人的定制业务。她高兴地把记有日本客户的记录本给我看。

在离我最远的地方编织蕾丝的年轻人似乎不擅长言辞，“我是4岁的时候开始学习的”，然后不言不语，把话题让给擅长言辞的人，自己埋头编织。

在边上编织贝雷帽的艾丽莎贝斯今年78岁。她是从本岛西南的巴拉岛赶过来的。尽管说是岛，如今已经架起了桥梁，与本岛陆地相连。在这个地区，几乎家家户户从事与海相关的工作，因此穿着大海颜色毛衣的人非常多。这是当地的人最近告诉我的。

“您有想过从这个岛转到其他地方去吗？”我问艾丽莎贝斯。“我喜欢这个岛，并且我年轻的时候家里没有钱，没有其他的选择余地。我喜欢生我、养育我的地方，也喜欢有亲戚的地方。”她这样回答我。

沉默的在最里面编织的人张口说道：“无论在什么地方都没有与这里相同的。”这句话让我觉得再也没有多询问的必要，我很羡慕她们对自己家乡所拥有的感情。她们爱设得兰群岛，她们爱编织。

『我是兔子，千寻努力为我编织的费尔岛毛衣是我的骄傲。』

下课后我拜访了本岛南部卡尼斯巴拉的编织店兼画廊。在家门口建的店铺和工作间内，店主威尔玛的言行与这个环境非常协调。

最为夺目的是墙上挂着的她设计的各种样品，淡雅的色调凸显作品的可爱，面向女性的作品与面向男性的作品各不相同，令我赞叹不已。我每年都来这个画廊欣赏威尔玛配色新作，这是我的享受。

海鸟（puffin）的编织玩偶。这是博物馆中收藏的弗洛伦斯的很多独创作品之一，是他们感谢我承担学习班的联络工作赠送我的，是我的宝物

课程的后半部分是学习刺绣方法、编织方法、减针方法、袖子加针方法和完成作品的方法。在没有掌握之前，单纯依靠观摩是难以真正理解的。需要根据课程进展不停编织，每一步都要请弗洛伦斯指点一下。

真的海鸟

最后是机器编织课程和作品清洗工序。我们学会了在木制模型上面挂上毛衣和插上固定针的方法，然后课程结束。尽管每个人都尽力留下了上课笔记，但还是感觉10天的时间有些紧张。在自己动手编织了一件作品后，感觉还是存在很多不确定的问题。非常幸运的是，我有幸在第二年请教了弗洛伦斯很多不明白的地方……

这次研修我不仅学到了技术，还结识了很多朋友，生活得很开心。最令我感到轻松的是，这里对于起针的方法和持线的方法没有特别统一的要求，不是用固定不变的“应该如何”和“这样好，那样坏”的标准来判断，而是让大家根据自己的习惯来选择。

Peerie

小巧玲珑

在设得兰方言中
"Peerie"
是小巧玲珑的意思
我被称为"Peerie Chihiro"（小巧千寻）
大家诚挚的态度令人难以忘怀

编织方法：第72页

女士毛衣 这是我第一件公开的作品，花样是简单的两种条纹的重复，又加上了自己喜欢的颜色。这是充满快乐的一件编织作品。

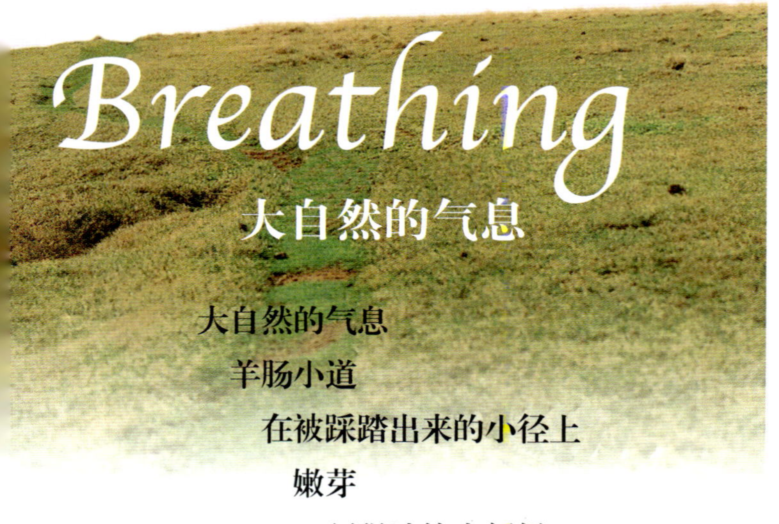

Breathing

大自然的气息

大自然的气息

羊肠小道

在被踩踏出来的小径上

嫩芽

顽强地绽出新绿

编织方法：第73页

女士背心 使用的是7年前见过的儿童毛衣图案。尽管是相同的毛线，但因为颜色不同效果也千差万别，是一件不知疲倦编织成的作品。

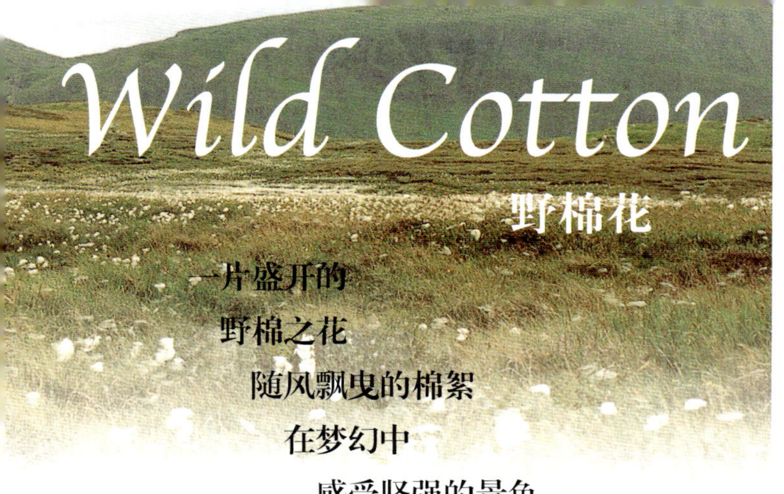

Wild Cotton

野棉花

一片盛开的
野棉之花
随风飘曳的棉絮
在梦幻中
感受坚强的景色

编织方法：第75页

女士帽子 | 为第一次冬天去设得兰群岛准备的。设计时主要考虑不被大风吹走，能在刺骨的寒风中保护耳朵。在编织过程中使用往返编织，编织出与帽子一体的护耳帽子。

相识的人们

男性编织师威廉姆·杰克逊。周围是他引以为傲的作品

每次来到岛上都要拜访威廉姆·杰克逊。第二次在设得兰群岛见到他的时候，他已经83岁，一个人居住在勒威克的老人专用楼房里。威廉姆的费尔岛花样围巾、毛衣等，都是传统的美丽作品。他曾经在后面的村子从事编织商品的销售，是一个非常懂得销售的人。第一次见到他时，买了他编织的围巾，再来的时候，他会告诉我有编好的围巾，于是我每次都会买。

我非常喜欢听他讲述自己与编织相关的故事。他说年轻的时候看到费尔岛毛衣，感觉实在是太美了，于是开始了与编织相关的工作。“因为工作太忙，连结婚也给耽误了。”

像天真少女一样微笑的莫莉女士，为我弹奏了风琴

莫莉女士送给我的手套

◆◆◆◆◆◆

莫莉女士是当时最年长的编织者，那年92岁，是刊载在杂志封面上的名人。她总是面带少女般的天真笑容，边祈祷众多离开岛的亲戚幸福边继续编织。每年来到这里，她都会拥抱着我说：“谢谢你的到来！”让我想起自己的奶奶。她们总是非常平静地接受现实中的一切，顺应大自然的安排，两人在生活中的坚强很相似。

2001年5月，基本丧失视力的莫莉女士为我演奏了过去在教会中演奏的风琴。当用照相机记录下这个瞬间时，我禁不住热泪盈眶。

◆◆◆◆◆◆

快乐地做着自己的工作，并为自己的工作感到骄傲的路易丝

路易丝照料的两匹马和爱犬

2001年4月和10月，威廉姆、莫莉先后离开了人世。他们教会了我“因为喜欢，所以默默编织”，“编织不是与人竞争，而是表现自己快乐的心情”。当他们对我说这些的时候，我就已经深信不疑。

就在同一年，从夏日研修时候就开始与癌症搏斗的苏也去世了。她在生前教给我很多积极向上的生活理念，并带着害怕乘坐7人飞机的我去海岛，介绍斯丘阿特、阿尼夫妇以及亲戚（岛上唯一的B&B主人）与我认识。在费尔岛没有熟悉的人很难待下去。苏给我的小小勇气，使得我在今后的日子里一个人也能够来到费尔岛。

◆◆◆◆◆◆

在遇到麻烦的时候，帮助我的人是路易丝。她从新西兰来到这里，在这个岛上居住了30年以上，我是她位于北边的家的常客。

她为了传承传统的编织而工作着。她支付给编织者的工资比大的编织厂商更多，同时接收那些因为工资低廉而离开编织工作的编织者，尽力培养年轻的编织者和设计师，还亲自动手操作编织机加工作品。她创办的“SPIDER WEB”店铺销售传统的编织制品。她为自己的工作感到骄傲，并从内心感受到工作的快乐。从“不是为了金钱”的她身上，我们感受到了相同的气息。

艾琳总是很亲切，是一个快乐的编织者。第一次来到她的住处时，看到她为用编织机编织的儿童开襟毛衣加上了育克。她边解释调整编针的松紧需要极其熟练的技术，边使用编织腰带，以极快的速度完成了，这令我至今难忘。

艾琳无论何时何地都让我们的谈话很愉快，唯一一次她在谈到40岁结婚的丈夫在结婚10年后去世的事情时，眼睛变得红红的，让人感觉到了她的孤寂。她对我说：“千寻，喜欢编织真的很好。我丈夫去世后，我挑战了从来没有试过的蕾丝编织，那个时候全神贯注不考虑其他的事情，对我真是很大的帮助。”不愧是15岁完成学徒期就开始一心一意编织，并以此为生活的人，她很快从悲伤的情绪中解脱出来，恢复了开朗的笑容。我为艾琳的笑容和美味的茶所吸引，每次来这里都要拜访她。

我去的时候，不知道为什么有的事务所就成了“品茶的时间”。还有一家“布鲁克毛线店”，这家店没有毛线工厂，但是店铺拥有40年的历史。她们从岛上的农家收购羊毛，然后送到苏格兰的毛线厂加工后在这里销售。这个店铺中总是和乐融融，店主认真听取每个人的意见。店铺的位置适中，步行30分钟即可到达，经常来这里的人可以边感受“相知”的心情，边不由自主再次来到这里。

每次和艾琳在一起时，她都很热情

和布鲁克毛线店的人们在一起

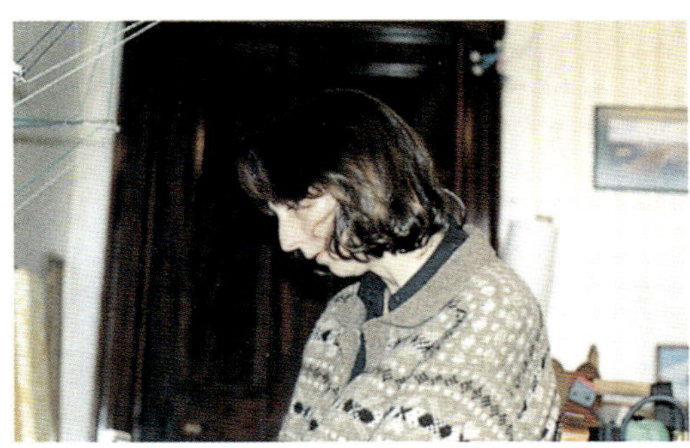

正在专心创作的芭芭拉

随着时光的推移，结识的新人也越来越多。现在辞掉学校编织教学工作，专门从事创作活动的芭芭拉，通过编织来表现自己，探索如何在现代生活中让传统编织发挥活力。我经常到她的编织画廊，参观她的新作，一起谈谈编织，一起散散步、吃晚饭……只要和她在一起，就可以真切体验到设得兰群岛原汁原味的当地生活。

与设得兰群岛的人们交流时，可以感到“语言仅仅是一个工具”，你可以获得更多更有意义的心灵收获。在那里结识的每一个人，不是可以通过文字在这里描述完的。

Pure Soul

纯洁的灵魂

晶莹剔透的灵魂
永不改变的祈愿
来到这里
回归真实的自己
将一切托付
拥有再次发光的力量

编织方法：第76页

女士毛衣 | 被白雪覆盖的冬日设得兰群岛。挑战至今未曾尝试过的白色。到处都是晶莹剔透的配色。

Hope in the Dark

希望之光

光明 ——
穿透黑暗的希望之光
温暖的光芒
无论在怎样的黑暗之中
都让你
感受到心灵的温暖

编织方法：第78页

女士背心 与作品“纯洁的灵魂”颜色不同，我是第一次挑战黑色，想尝试黑色能否表现出柔和的感觉。这是一件令我满意的作品。这是在设得兰群岛一本小小的书中发现的罕见的细条图案组合。

Thistle
苏格兰蓟

苏格兰的国花——苏格兰蓟
如岩石上青苔的颜色
无论何地
都不曾变化的设得兰景致
心灵
接受永恒的洗礼

编织方法：第80页

女士毛衣 为了早一天亲眼确认育克部分的蓟图案，在不经意间编织好了下针部分。虽然是容易显得孩子气的圆领毛衣，但可以通过改变育克的颜色打消穿着时的抵触心理。

被大自然拥抱着的设得兰群岛

在发祥地费尔岛，我与斯丘阿特在一起

纪行随笔4

费尔岛毛衣和我的配色尝试

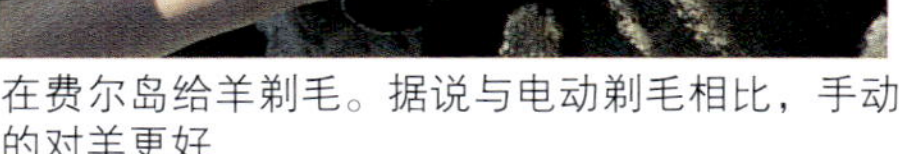

在费尔岛给羊剃毛。据说与电动剃毛相比，手动的对羊更好

生活在严酷大自然中的设得兰人发明的日常服装费尔岛毛衣，通过编织配色花样将毛衣加厚，使之成为更加保暖的毛衣。

在发祥地费尔岛，通常使用单色编织罗纹针，与我学习过的传统编织方法不同，到胁环形编织，上面的部分前后片分开编织平针。日本电视上曾经介绍过，阿妮女士是这样编织的。“另外加针收边的时候会增加厚度。不过编织平针速度快，要想避免不齐整的问题就需要非常熟练的技术。在费尔岛，基本都用手工编织机器，作为工作很少使用这种方法了。”两年前阿妮这样说。

在费尔岛，罗纹针编织开始加入了色彩的变化，出现了到肩头用环形针编织的分割编织方法。这些都是为了编织得更快、更多的新方法，因为人们依靠编织生活。

费尔岛编织使用细毛线，用正面向上编织的传统方法就可以完成，加上一行中只使用两色的原则，并不是很复杂。传统的费尔岛毛衣一般使用5~7色，花样非常清晰，具有立体感。因为花样繁多，编织的人可以根据自己的喜好自由组合。

我喜欢使用多种颜色，但是尽量让花样不那么清晰。从传统的费尔岛编织角度来看，也许应该属于“歪门邪道”。其实，几年前我根据对设得兰的印象配色编织了开襟毛衣，并拿给弗洛伦斯看，她曾说：“千寻的作品给人的感觉相当复杂呀。”

因为这件事情，我称自己的编织是“使用费尔岛花样的配色游戏”，与传统的费尔岛编织有一定的区别。我对坚持传统的老师心怀敬意，不敢忘记她们教给我的传统技法、图案等。

另外，我很感激能置身于设得兰群岛的大自然之中。在设得兰群岛的大自然中，我得以面对真实的自己，思考自己想做什么，能够做什么。在眺望美丽大自然的过程中，总是能够得到很多配色启发。现在，我觉得我的配色总是有什么地方与对那里的印象相关联。

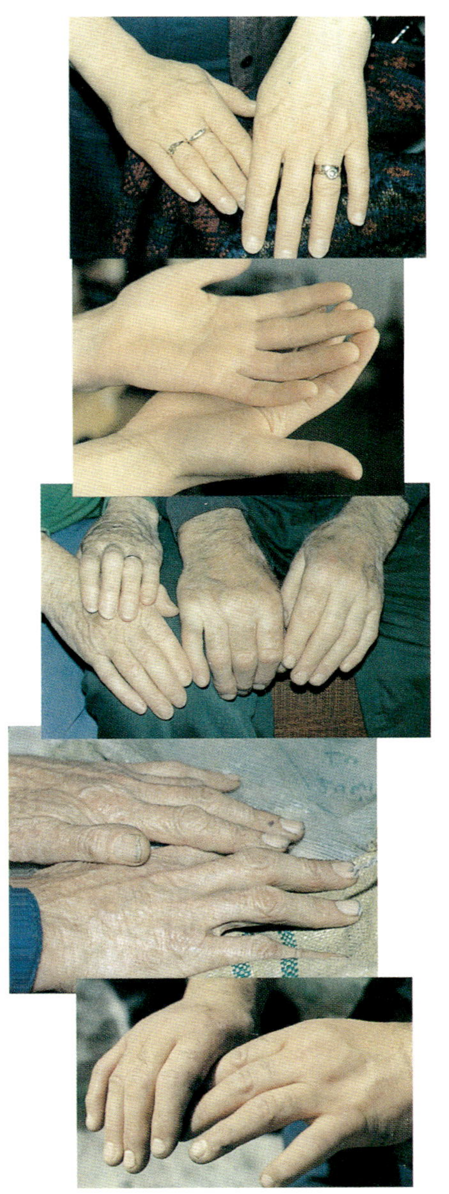

爱岛、守传统的人们的手

◆◆◆◆◆◆

考虑配色的时候，首先收集自己想用的颜色和喜欢的颜色。然后在双罗纹针编织中思考“这个旁边加上这种颜色该是什么感觉”，最后按照这种感觉进行配色。接着根据图案底色和配色，将毛线分成两组，开始编织花样。有时候使用在罗纹针编织中偶然发现的神奇颜色组合，有时候加一点其他颜色，或者减掉一些颜色。有时候也会出现一定要用的颜色在编织结束后发现还不如不用的情况，这个时候颜色的删减是最花时间的。有时候会因为过于喜欢难以舍弃，这时尽管规定了样品用两个以上花样，长度为重复两个花样，但是当自己意识到的时候已经快编织了一件背心了。配色的选择过程的确很辛苦，但却是最开心的。当决定好了配色，我总是有一种编织完成了的错觉……

尽管最后都需要自己满意，但是在看不见的地方，比方领子的底部、双层下摆的内侧与外侧等进行的一些色彩变化，一想到偶尔会被人看到，就禁不住内心激动。特别是在有了一个新的设计时，在编织的时候禁不住想骄傲地给班里的其他人看。看到大家喜欢是我最开心的，总要劝大家“编编看，编编看”，然后把方法教给大家的同时，自己也再复习一次。看到大家陆续完成的快乐情景，我不仅暗下决心：“好！接着再来一个。”这些成了我创作的动力。

最近我发现，将想到的新设计和配色稍微放置一段时间，就会有更新的想法诞生。也许我期待看见更新的自我，想在有生之年将183色毛线都编织一遍，这应该是对自己的挑战。

有年头的阿妮女士的作品

Symbister

塞姆比斯特

在半岛的边上
有一片沉寂的土地——塞姆比斯特
像嵌入时空龟裂中的
神奇地方
被海水包围
是过去曾经住过人的一间废弃的传统石屋的废墟……

编织方法：第84页

男士毛衣 | 拥有海蓝色的众多变化，如大地般散发出凝重的气息。想将这美丽的景色织进毛衣。这是我用来珍藏记忆的一件作品。

Dyke
石围

灵活应用石头的本来形状
进行堆砌
为抵抗强风建立的石围
在石围的保护下
绽放美丽花朵的蒲公英

编织方法：第85页

男士背心 使用2种自然色羊毛纺成的毛线。把毛线团摆放在一起时，不由想起了石围的颜色，转眼之间就完成了配色。我喜欢一点一点变化的“OXO”图案组合。

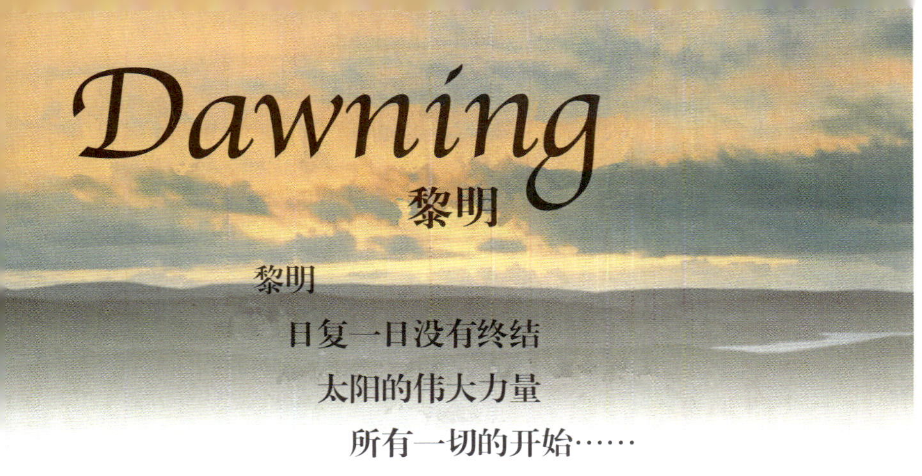

Dawning
黎明

黎明

日复一日没有终结

太阳的伟大力量

所有一切的开始……

编织方法：第87页

女士毛衣 使用与石围和塞姆比斯特相同的图案。是根据对英国卫兵外套的印象编织的长款外套。领、袖口、下摆为双层，正反面配色不同，看不见的地方也不放松。

结 束 语

无论是初学者，还是编织经验丰富的人，只要想编织费尔岛花样，花费点时间就都能完成。随着编织作品数量的增加，速度和技巧都会慢慢提高，会编织得越来越漂亮。

编织是一件快乐的事情。我觉得只要自己满意就足够了。也有在这基础上追求更快速度、更好看的人，大家可以选择自己的方向不断追求。

我就像漂浮在波浪之中，我就是我，根据自己的直觉，心怀对创造传统、保护传统人们的敬意，越来越强烈地感受到费尔岛编织的快乐。

最后，感谢帮我出版这本书的人，我非常开心！我衷心感谢帮助我的人，教我的人，感谢设得兰群岛的大自然和人们，感谢我遇到的所有的人！

佐藤千寻

佐藤千寻
出生于1956年1月1日，是三个孩子的母亲。五岁开始跟着奶奶学习编织。1989年第一次到设得兰群岛，被当地的魅力毛线深深吸引，开始了个人进口业务。之后，在那里学习传统编织技法，每年去设得兰群岛交流，负责“SHAELA”（邮购设得兰彩线）。向越来越多的人传授设得兰彩线编织的快乐。

费尔岛传统编织方法的特点

◇**全部环形编织**（例外：前开下摆、一些作品的领子）

因为总是看着织片正面编织，所以针目很漂亮。花样很清晰，可以快速完成。

◇**额外加针的作用**

事先留出需剪裁的部分，使剪开的地方也可以环形编织。

◇**袖、领子和前门襟剪开额外加针部分挑针**

由于要从所有针和行一针一针逐一挑针，所以挑针比较简单。针数在第2行根据花样进行调整。

◇**使用设得兰群岛毛线完成编织后务必洗一下**

洗涤后质感和色彩感觉都会变得更好，纤维结合更好，线头也不会再绽开。

袖窿的留针

中心是肋线。袖子和袖窿都从中心开始挑针。

额外加针

由于事先留出了需剪裁的部分，所以可以环形编织，包含需剪裁部分一起编织。以12针为单位，开始编织时起6针，结束的时候也起6针，在中心变换颜色。配色与身片同一行一致，编织竖纹。若身片是同一颜色，则无须变换颜色（参考53页）。

袖子

从袖窿的留针针目和行开始，全部针和行挑针，在第2行调整针数环形编织（参考77页）。

配色编织花样边看完成的身片上从肩到下摆的配色边编织，就很容易明白了。

前门襟

从前面（下摆、身片、领子等）开始全行挑针，在第2行调整挑针针数。

一端引拔编织的情况，参考59页。

背心、套头衫的编织方法图示

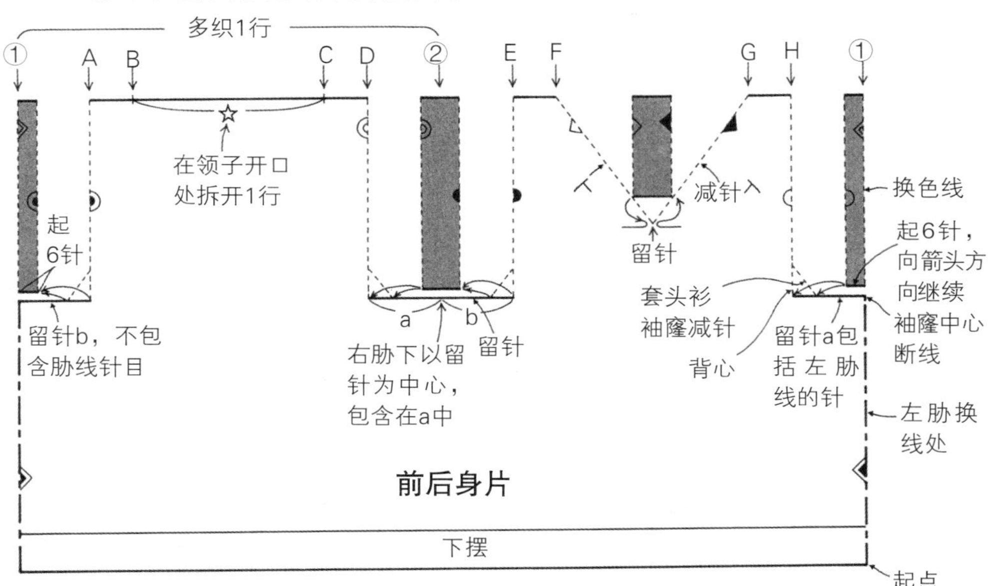

开衫编织方法图示

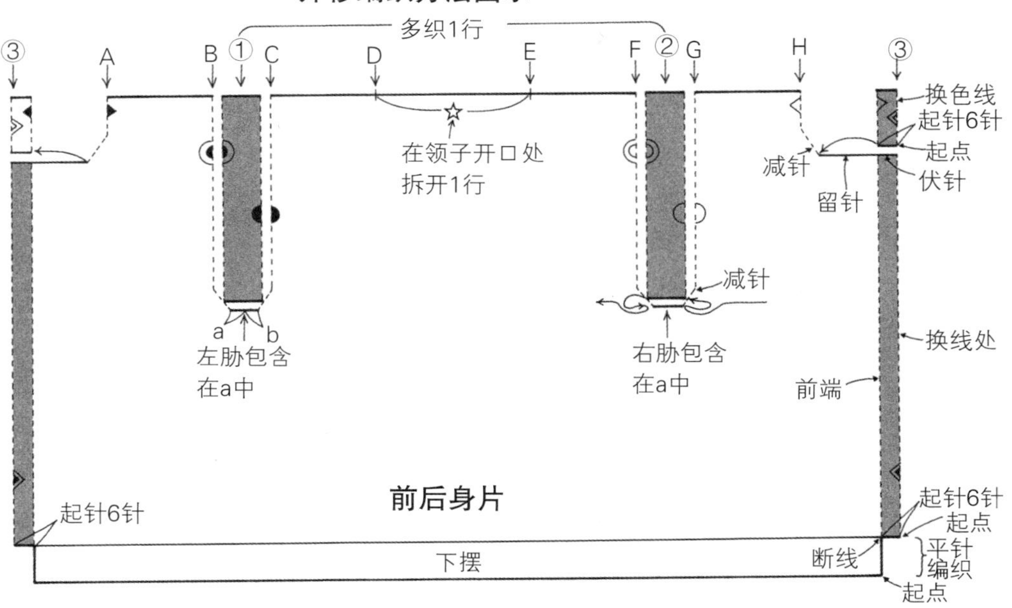

明白了不同之处就会得心应手，根据设计选择编织方法

<table>
<tr><th></th><th>背心
Waistcoat</th><th>毛衣
Jumper</th><th>开衫
Cardigan</th></tr>
<tr><td>下摆</td><td colspan="2">环形编织
起点换色线①</td><td>平针编织
编织结束断线</td></tr>
<tr><td>身片
下摆⇒袖窿</td><td colspan="2">环形编织
起点换色线①</td><td>环形编织在前身片中央额外加针（开始6针，结束6针）
起点换色线③</td></tr>
<tr><td>身片
袖窿⇒领窝</td><td colspan="2">两个袖窿下留针
袖窿额外加针　左（开始6针，结束6针）
右（起针12针）
袖窿减针
起点换色线①</td><td>两个袖窿留针
袖窿额外加针　左右（起针12针）
袖窿减针
起点换色线③
前身片中央额外加针
伏针收针断线</td></tr>
<tr><td>身片
领窝⇒肩</td><td colspan="2">前领的留针
领窝额外加针
（起针12针）
领窝减针
起点换色线①
从②到①编织1行
肩引拔钉缝</td><td>前领的留针
前中央额外加针
（开始6针，结束6针）
领窝减针
起点换色线③
从②到①编织1行
肩引拔钉缝</td></tr>
<tr><td>领</td><td colspan="2">需剪开的额外加针
从B到C拆开1行
全部针、行挑针
在第2行调整针数
伏针收针</td><td>需剪开的额外加针
从D到E拆开1行
全部针、行挑针
在第2行调整针数
伏针收针</td></tr>
<tr><td>袖子、袖窿</td><td>需剪开的额外加针
全部针、行挑针
在第2行调整针数
在袖窿边减针
伏针收针</td><td colspan="2">需剪开的额外加针
全部针、行挑针
在第2行调整针数
在袖下减针
伏针收针</td></tr>
<tr><td>前门襟</td><td colspan="2"></td><td>需剪开的额外加针
整行挑针，在第2行调整针数
伏针收针</td></tr>
</table>

注：在身片的一端进行袖窿、领窝的减针。减针不要太明显，额外加针的针数不减。
领子根据不同的设计，分为平针编织和环形编织两种情况。
在袖下中心的右侧进行袖下减针，织2针并1针，在左侧编织左上2针并1针，减针不要太明显。
伏针收针不仅是下针，双罗纹针的针目一样编织下针、上针的伏针。
①、②、A、B、C、D、E、F、G、H参考49页的图。
微调尺寸的时候，可以将针放大1号或者缩小1号完成。

编织基本款背心“灰色”

线 茶灰色（102）5团、浅灰色与黄色混合线（140）4团、蓝灰色（768）3团
针 环形针（60cm、40cm）4号，4号和2号5根短棒针，钩针3/0号
*材料、做法，毛线说明（ ）内为色号

防脱针、行数环
完成尺寸 胸围88cm，肩背宽35cm，身长51cm
密度 10cm×10cm面积内：配色花样32.5针，34行

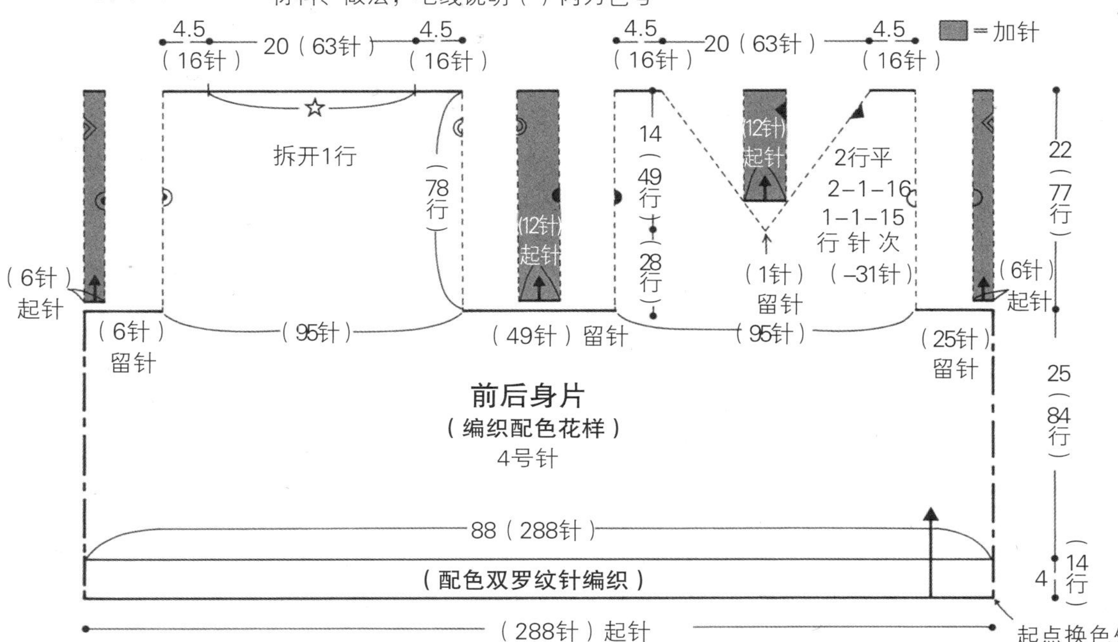

下摆的配色

行	上针	下针
6~14	768	102
2~5	140	102
起针		102

编织方法

Ⅰ.起针

使用4号环形针（60cm），用102号线起288针（图1）。

Ⅱ.下摆

环形起针（图2）。从第2行开始使用双色编织，接上140号线（图3）。

图1

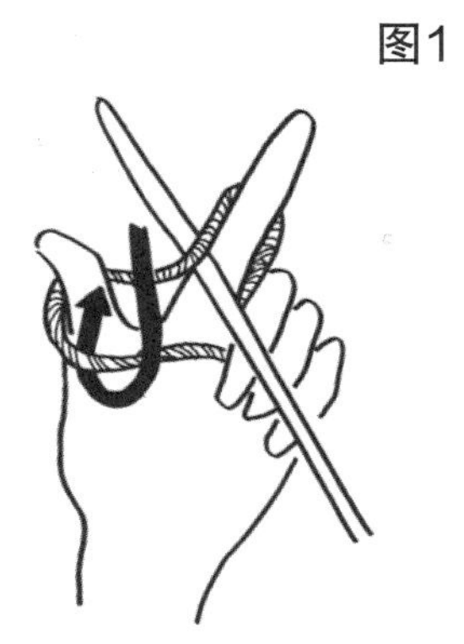

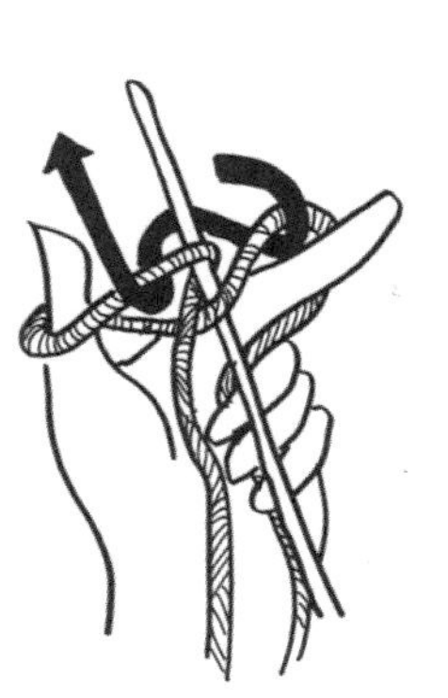

图2

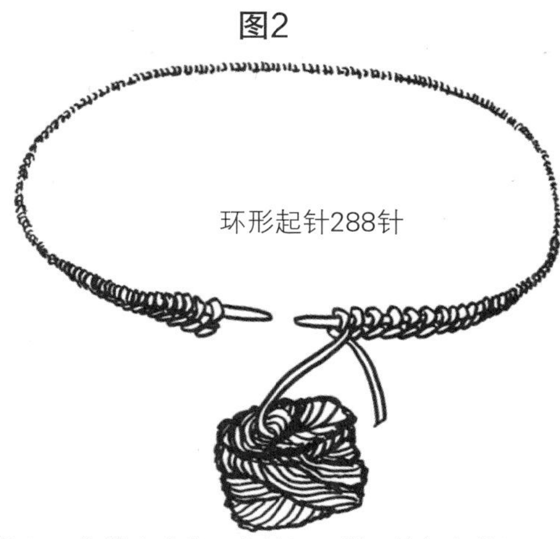

图3

配色双罗纹针编织，像横向渡线配色编织一样更换颜色编织。下针2针（102）、上针2针（140），编织4行，断线（140），上针的颜色换线（768）（图3的要领）。在断线的时候留出3cm左右线头。
下针（102）、上针（768）编织9行，相当于完成了13行的编织。

★下摆的双罗纹针编织完成

★马上开始身片★

编织前要了解的事情

◇**左肋中央的针目是每行起点的针目**…袖窿留针时很重要

◇**每行编织完最后一针后开始换色**…不换色时继续编织

◇**持配色线、底色线的手指要固定**…对编织出美丽花样很重要

★我编织的时候★

如右图，右手中指持配色线，食指持底色线，持配色线的手指较松，持底色线的手指较紧，这样就可以编织出美丽花样。

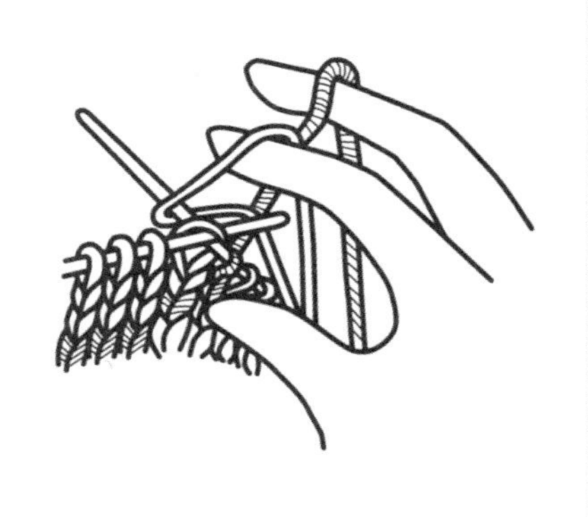

◇**身片全部编织下针**

配色花样

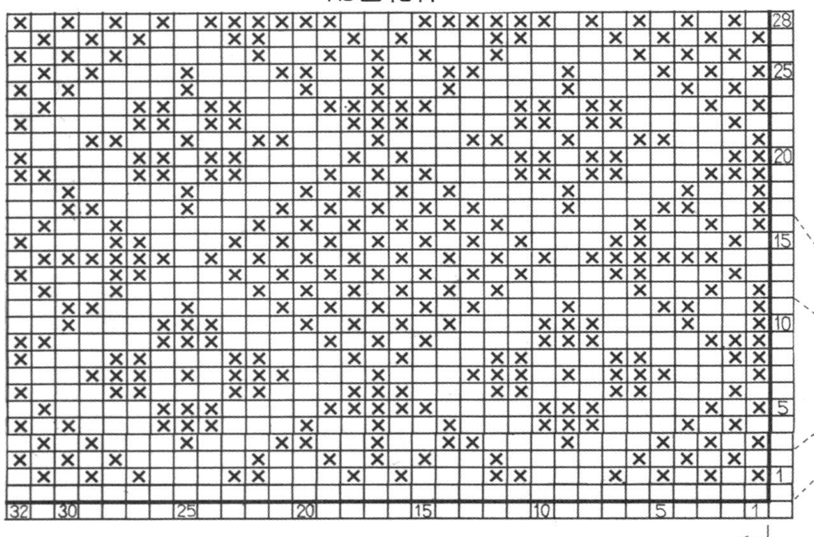

□=底色线 ⊠=配色线

编织起点

使用相同图案的作品，可以变换颜色，例如互换“灰色”和“寂静黄昏”的颜色，可以编织出设计感不同的作品。
如此应用，通过这本书可以编织出近90款作品。

“寂静黄昏”的配色		“灰色”的配色		
240	440	768	102	重复编织14行
175	440	140	102	
240	440	768	102	
底色线	配色线	底色线	配色线	

第1行用一种底色线编织

图4

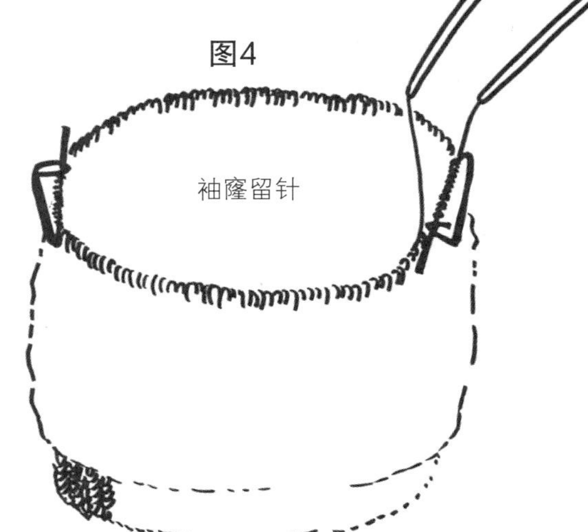

Ⅲ.身片到袖窿

第1行用单色（768）编织，（102）做好待用准备。第2行开始横向渡线，加入配色编织。配色编织图的配色线使用（102）、底色线用（768）编织2行，下一行为了变色，在（768）上接（140），把（768）剪断。从第4行开始的9行配色线为（102），底色线为（140）。按照这个要领到袖窿下编织85行，把两色线都剪断。

Ⅳ.身片、袖窿、额外加针部分

额外加针部分是剪开后不要的部分（参考53页）。夹在袖窿部分中，继续编织袖窿两侧。

开始时，左右袖窿都从肋线开始向左编织25针，反方向编织24针，总计49针。用防脱针固定，袖窿留针（图4）。

袖窿第1行以左袖窿的额外加针中央部分为编织起点。首先编织第1行，（768）与（102）相接，进行额外加针部分的起针。按照图1要领，用食指挂线（768）、拇指挂线（102），起针6针，接着继续编织前身片部分（图5）。编织配色花样95针就到了右袖窿的留针地方，在这里同样起12针，加针编织（图6），继续编织后身片的95针。

图5 编织起点的额外加针部分

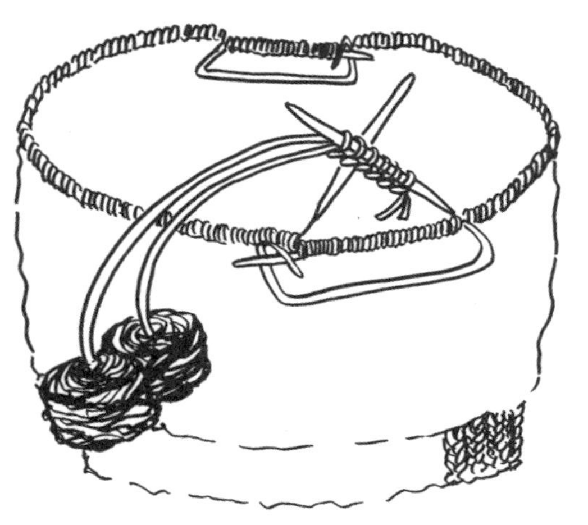

额外加针部分

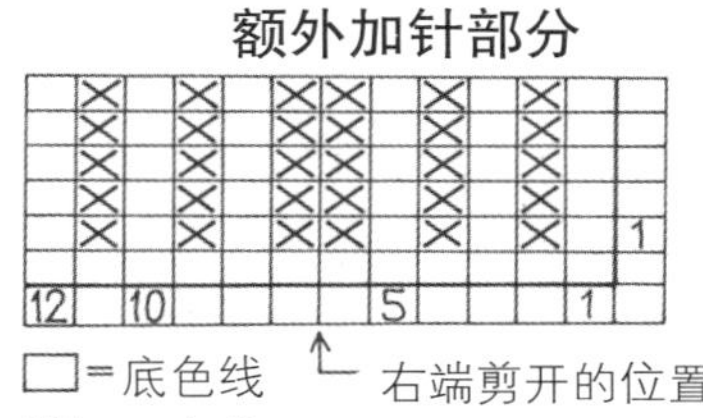

额外加针部分总是编织成剪开那一行的条纹花样。纵向剪开的时候，成为折返处理时候的提示线。

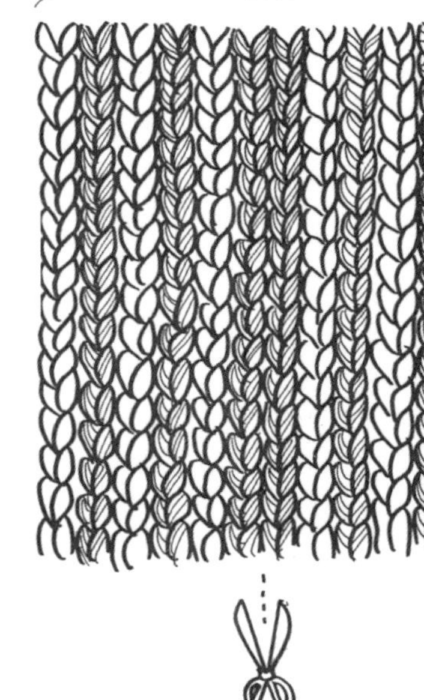

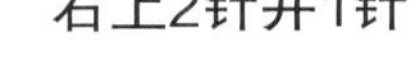

图6 中间的额外加针部分

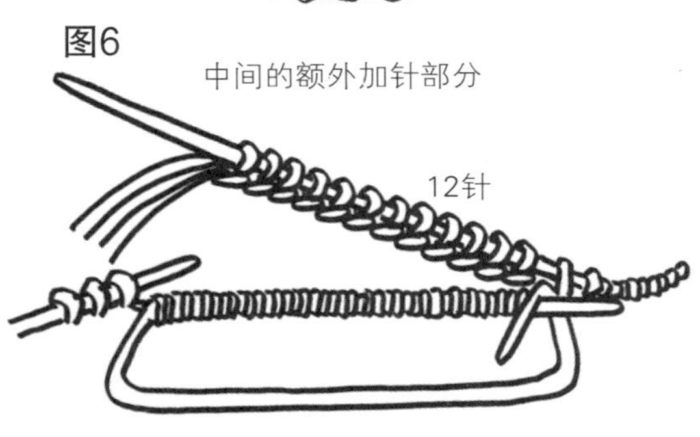

图7

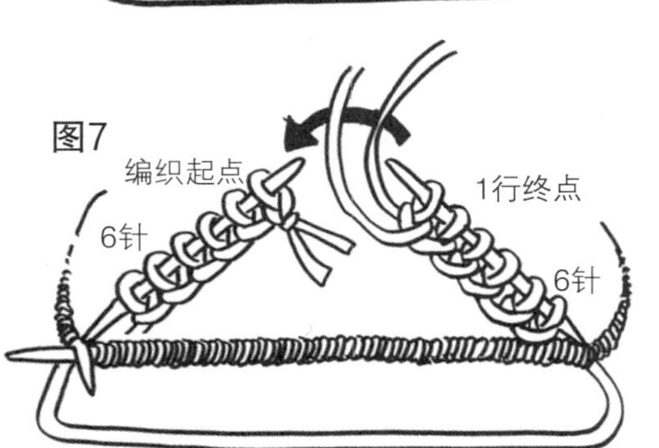

在最后起针的额外加针部分剩下的6针，做成环形（图7）。

领开口到手前的28针，边与加针部分一起编织，边做成环形。

V.身片、领窝、额外加针部分

领窝从第1行开始减针。首先编织45针，此时距离领窝中心还有2针，接下来的2针编织右上2针并1针。织右上2针并1针时，首先将第46针移至右针，当第47针织完后，使用右针上的第46针将其盖住，从而减少了1针。

之后中间的1针（第48针）使用行数环或安全别针固定住，留针。使用右针编织12针额外加针，接着的第49、50针并在一起编织。左上2针并1针编织完成，减少1针。

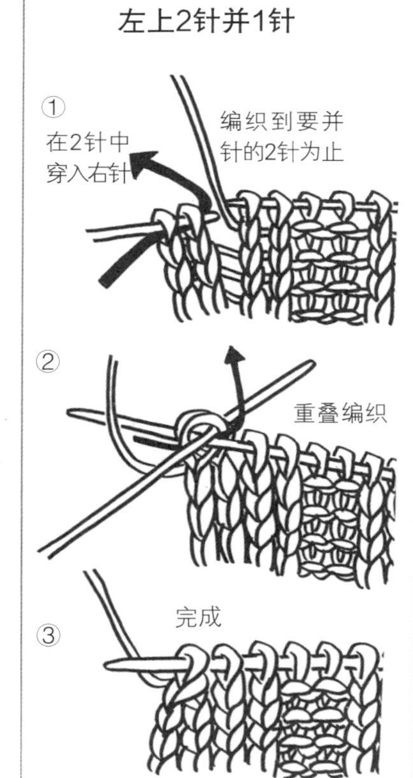

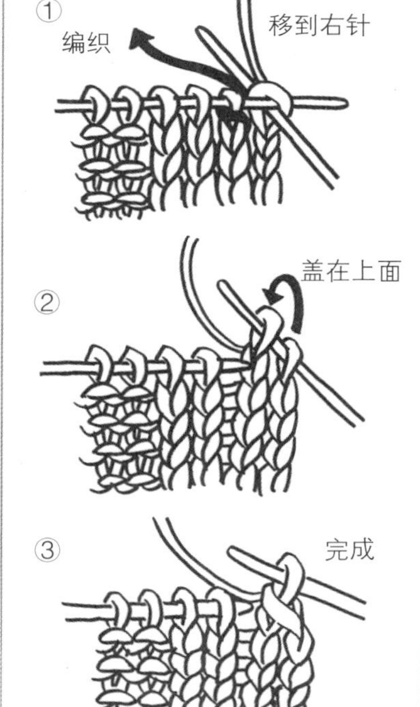

从第2行开始，在每一行额外加针的两侧减少身片的针目14次（包括第1行1–1–15），1行减针留针，第2行再减针16次（2–1–16），这样一来，左右各减了30针。剩余的2行直接编织，不减针，织完后将毛线剪断。

只在后身片再编织1行（图8）（49页②→①）。
右侧的针先移动从前身片到右袖窿额外加针部分中心的6针。在第7针接上线开始编织，底色线（768）为肩部钉缝留30cm左右线头，配色线（102）留3cm左右。接着编织配色花样到左袖窿加针部分的中心，与开始一样留下线头后剪断线。

★如此完成了身片编织，还剩一点！★

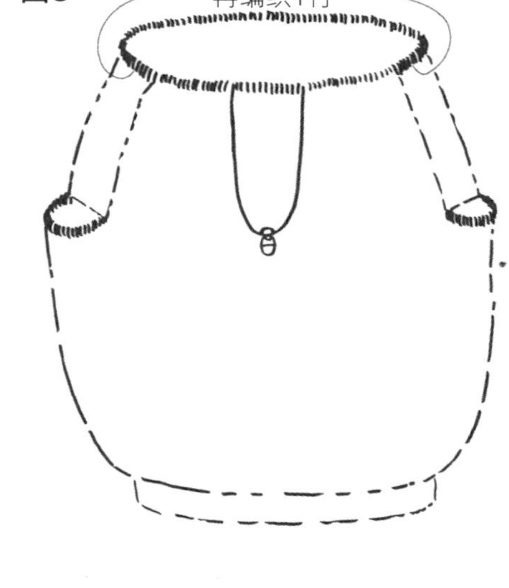

Ⅵ.肩部引拔钉缝

将身片翻过来，内侧朝外（图9）。从后身片右肩开始加6针，与肩部16针总计22针一起移到4号短针上，前身片的肩头也同样移到别的针上（图10）。使用钩针将留下的（768）线头引拔钉缝，接着，注意不要留下空隙，将领窝加针中心的6针伏针收针。左肩同样操作，两肩钉缝。

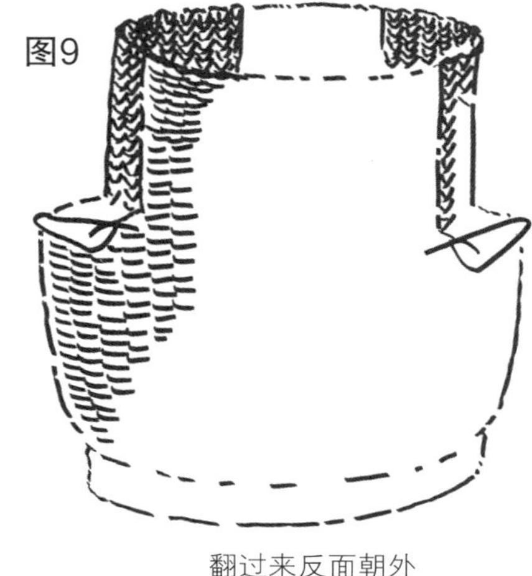

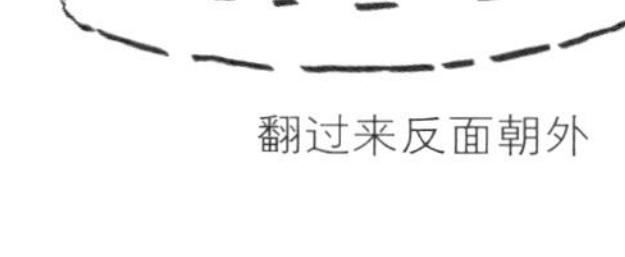

翻过来反面朝外

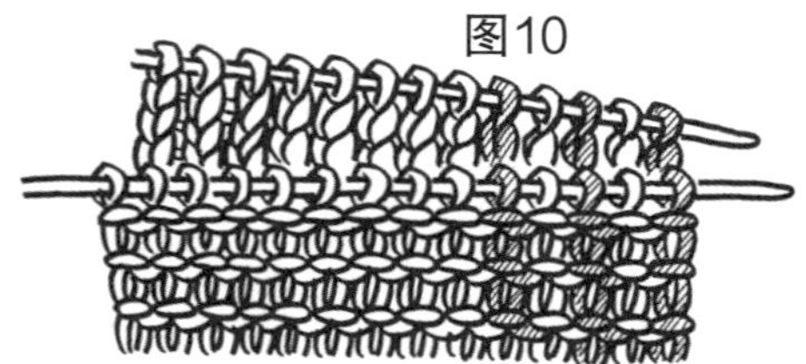

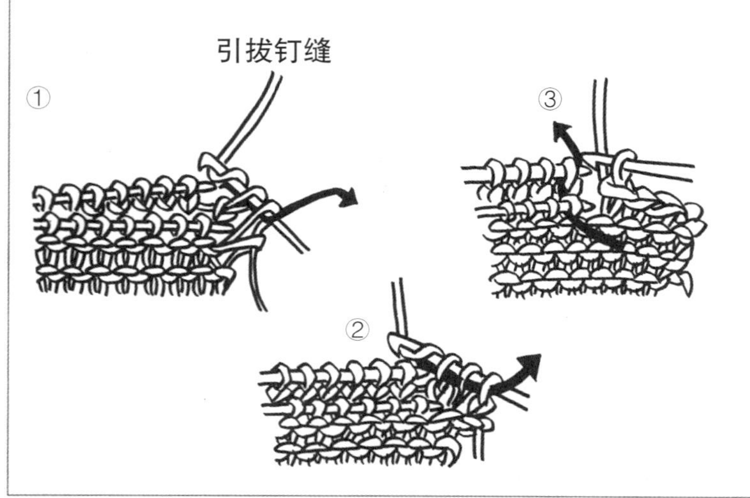

Ⅶ.额外加针部分剪开，出现领子

首先拆开后领窝的最后1行。边将针移到短针上边拆开就会很容易。拆开的2根线从中间剪断，紧紧系在肩的位置。接着准备好锋利的剪刀，在额外加针部分配色的2针之间剪开（图11）。

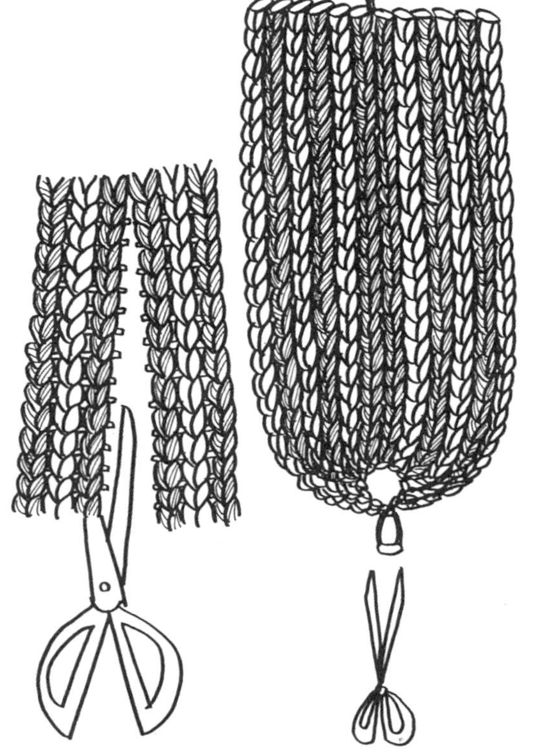

★瞬间出现V领，令人喜不自胜！★

领子从后领开口的右端开始挑针编织。用102线到左端全部挑针，到前身片中心从额外加针部分与身片之间用挑针要领（图13）从前身片中心的留针也挑针1针。

致初学者

挑针相当难，但是也不需要担心。
最后是在第2行后领开口处62针、前领窝左右46针，从前面中心开始针数对齐就可以了。
调整的针数稍微有出入没有关系的。前领左右的误差要控制在2针以内，这样才能保证好看、协调。

图12

后身片
63针
右肩
起点
−1针（62针）
−3针 −3针
右前身片
49针
（46针）（46针）
左前身片
49针
前身片中心1针

图13

从1行开始挑1针

领子、袖窿（配色双罗纹针编织）

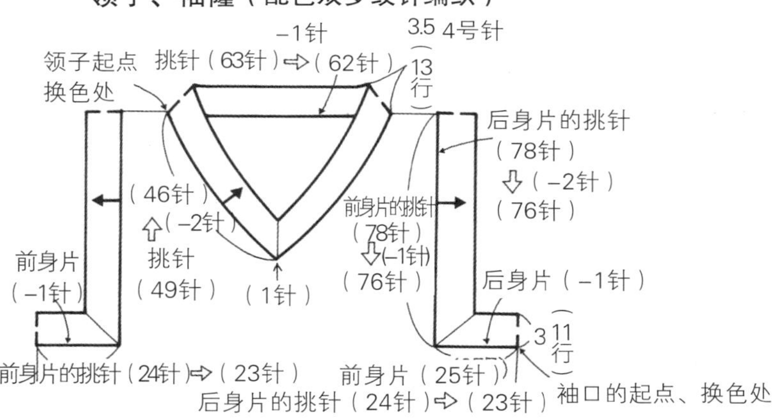

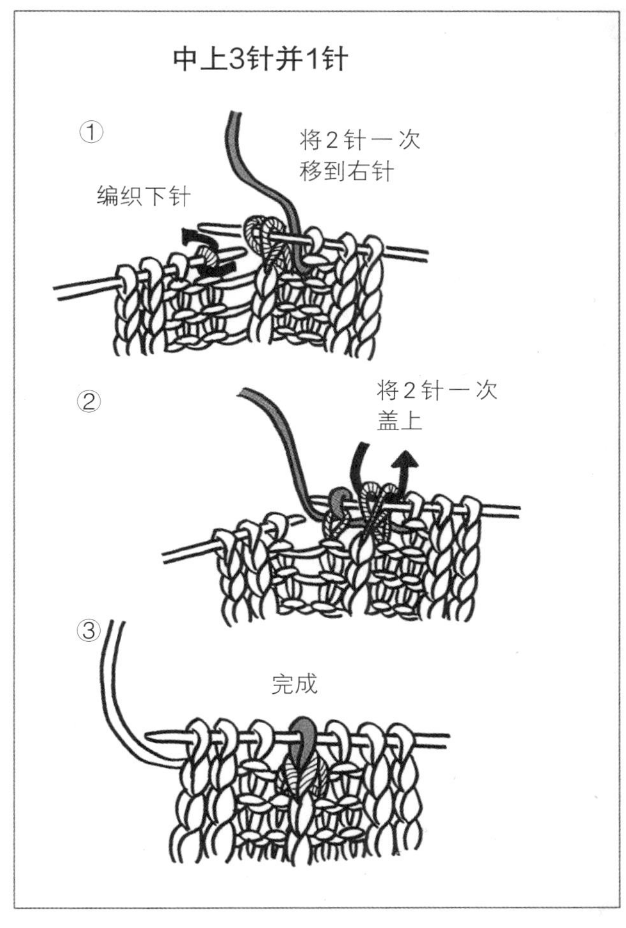

领子、袖窿的配色

领子	袖窿	颜色	
13	11	102	102
5~12	5~10	768	102
2~4	2~4	140	102
挑针	挑针		102
行	行	上针	下针

※伏针收针使用102线

在第2行将104线与102线对接，编织下针2针（102）、上针2针（140），边编织配色双罗纹针，边在后领1针、前领窝左右各3针织2针并1针减针。
前身片中心下针为立针，左右对称编织。
从第3行开始，每隔1行织中上3针并1针减针，形成V领前端。中心的单罗纹针编织不规则，按照图示编织。
编织结束后剪断768线，用102线伏针收针。下针上织下针，上针上织上针穿针，在前身片中心边编织中上3针并1针边伏针编织。

V领前端编织

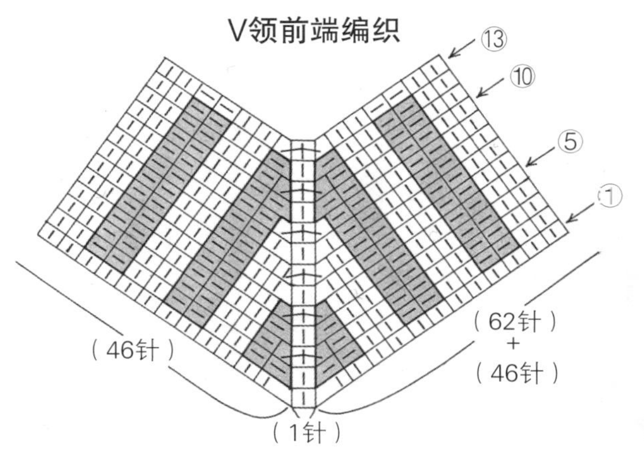

Ⅷ.额外加针部分的剪开、袖窿

与领子要领相同，将额外加针部分剪开。注意不要剪断肩的钉缝线，在肩头1行前停住剪刀。

袖窿从肋线开始编织，按照与领子相同要领用102线全行挑针。

在编织第2行之前，在从起点向左的第25针和第26针，右边的第24针和第25针共4个地方加上行数环作为记号。将这4针作为下针立起，进行角上的减针。

在第2行将140线和102线连接，编织下针2针（102）、上针2针（140），边编织配色双罗纹针，边将有记号的第25针与1针前面的针编织2针并1针，接着将第26针和第27针编织右上2针并1针，编织出边角。边角与肩之间按照图示的针数织2针并1针进行中间减针，对侧边角也将有记号的针立起，织左上2针并1针和右上2针并1针组合减针。

★这个第2行是集中的地方，剩下的比较简单！★

在第3行到第11行边在边角减针边编织（图15）。编织结束时用2号针，边以102线编织双罗纹针伏针收针，边在边角织2针并1针收针。

图14

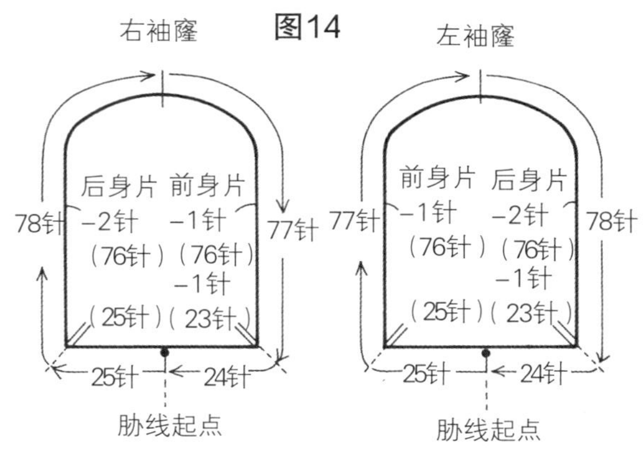

※（　）内为在第2行调节后的针数

图15

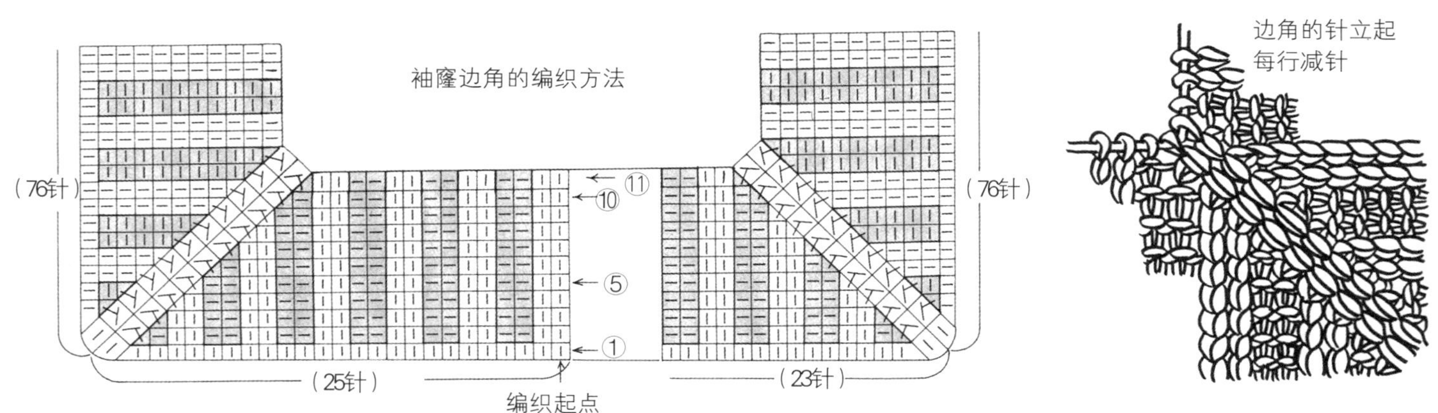

图16

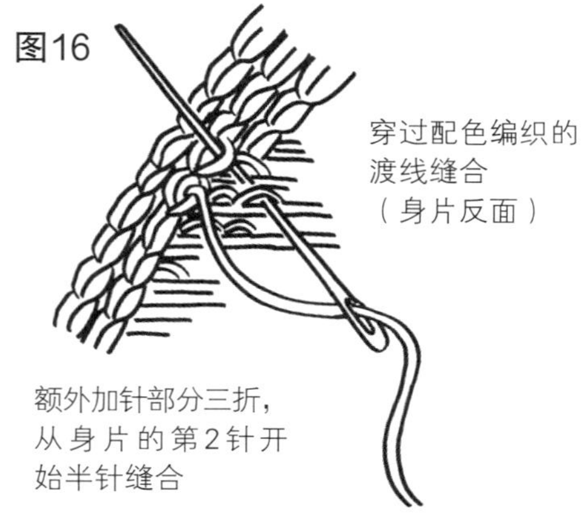

Ⅸ.额外加针部分和线的处理

左右领窝、两个袖窿的额外加针部分的6针，分别剪成4针，因为边缘有绽开，一定从身侧开始数针数。

4针中的2针折为三折，用102线处理边（图16）。

编织起点处和换色剪的线头，拉紧之后用手缝针连在配色编织的渡线上。这个时候剩余的线头露在外面不处理。

Ⅹ.完成

编织完成的背心用中性洗涤剂清洗。通过洗涤毛线互相粘连，使剪断的线不再移动。这个时候剪掉多余的线头，反面变得整齐而美观。

★无论是第一次编织的人，还是有编织基础的人，都会沉浸在对自己作品的迷恋之中。我觉得这是最真切的编织乐趣。那么，下面我们编织什么呢？★

线　灰粉紫色混纺线（153）、浅紫红色（547）、浅紫色（620）各3束，橘黄色混纺线（182）、浅粉色混纺线（268）、杏色（435）、浅橘色（440）各2团，浅黄绿色（365）、黄色（410）、薰衣草色（617）、浅灰蓝色（768）、亮灰绿色（787）各1团

针　环形针（60cm、40cm）4号，4号和2号短针5根1组，钩针3/0号

完成尺寸　胸围89cm，肩背宽37cm，衣长54.5cm，袖长50cm

密度　10cm×10cm面积内：配色花样32.5针，33行

要点　使用2号针在袖口的最终行伏针收针，其他的用4号针编织。配色花样请看62页。领子从前身片中心的针开始，在开始和结束处挑针，把配色编织的反面作为正面编织平针。为了让渡线显露出美感，在两头留出5cm左右线头，边剪断每行的线，边编织普通的下针配色花样，完成后从一端1针的内侧将线头从正面拉出来，挑开6针左右针目与边上缝合，处理线头。

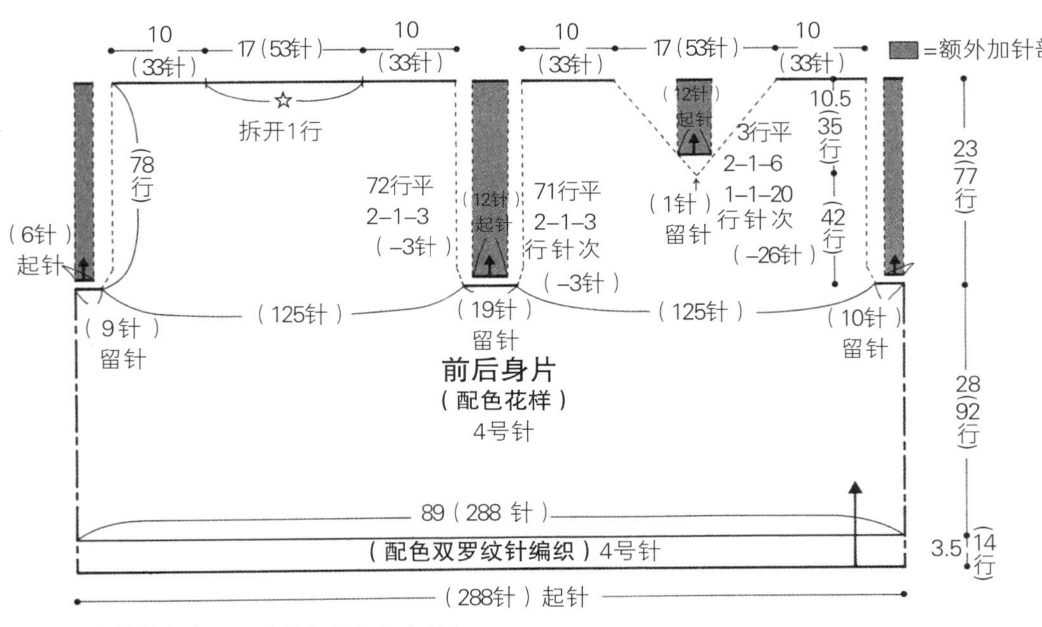

配色花样参考62页的编织图和配色编织

配色双罗纹针编织

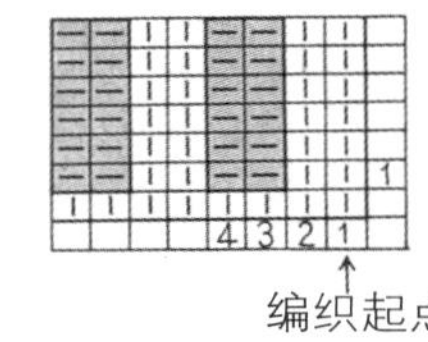

下摆、袖口的配色

下摆	色号		袖口
13~14	440	620	1~2
12	440	153	3
10~11	435	153	4
9	182	153	5~6
7~8	182	547	7
5~6	410	547	8~9
4	365	547	10
2~3	410	547	11~12
起针		153	
行	下针	上针	行

※袖口从上向下看
伏针收针（153）

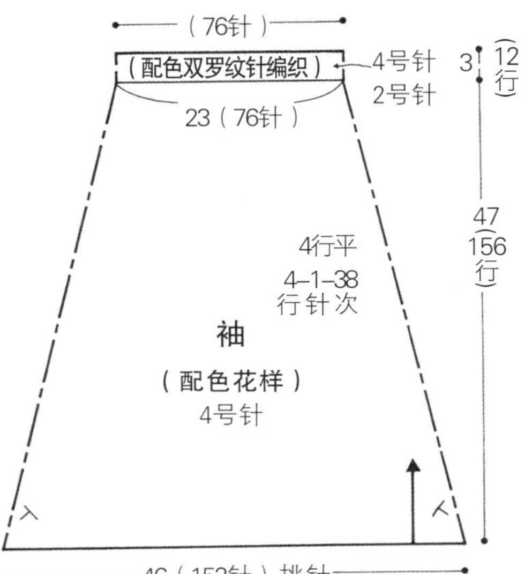

领子

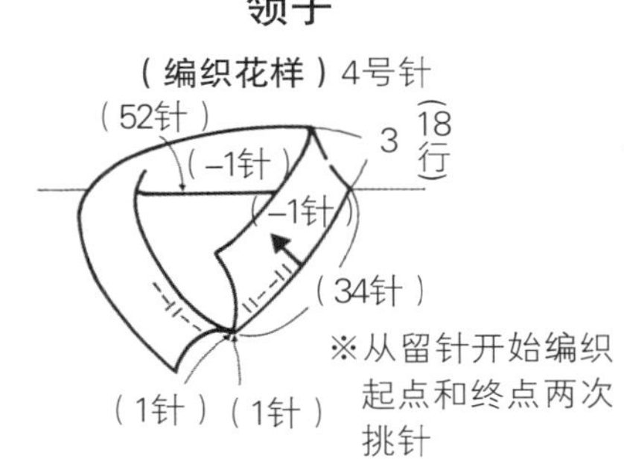

领子的花样编织

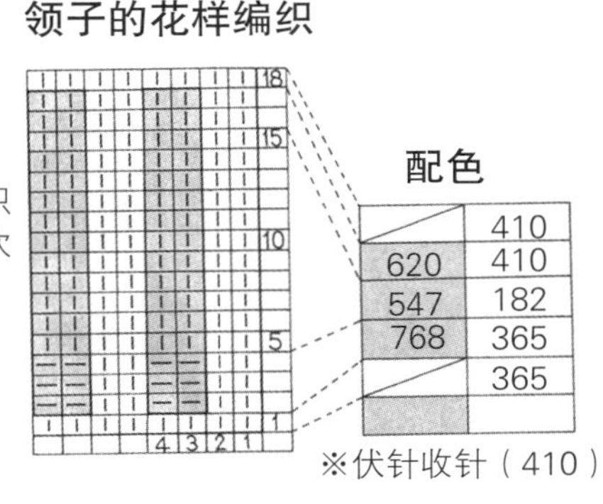

※伏针收针（410）

P8

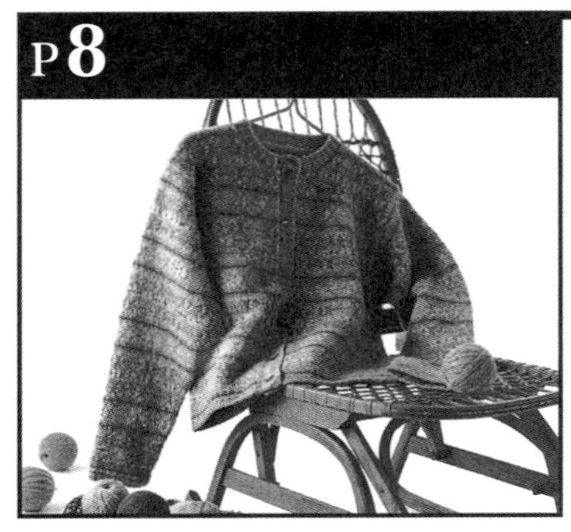

线 黄绿色混纺线（259）、浅绿色混纺线(274）、粉红系的米色混纺线(290）、肉粉色混纺线（301）、灰黄绿色（1140）各3团，橘黄色混纺线（182）、土耳其蓝色（760）各2束，浅灰色与黄色混纺线（140）、灰色与蓝色混纺线（162）、茶色与灰色混纺线（253）、淡蓝色（764）、亮红色（1240）各1团

扣子 7颗

针 环形针（60cm、40cm）4号和2号，4号和2号短针5根1组，钩针3/0号

完成尺寸 胸围89cm，肩背宽37cm，衣长54.5cm，袖长50cm

密度 10cm×10cm面积内：配色花样31.5针，33.5行

要点 领子、袖口、前门襟的最终行和伏针收针均使用2号针，其他的用4号针编织。配色花样请参照63页。配色的重复是相当于花样编织的1.5个花样，编织3个花样后回到原来状态。按照领子、前门襟的顺序，编织配色的双罗纹针，前门襟的上端用274线、下端用760线引拔编织。

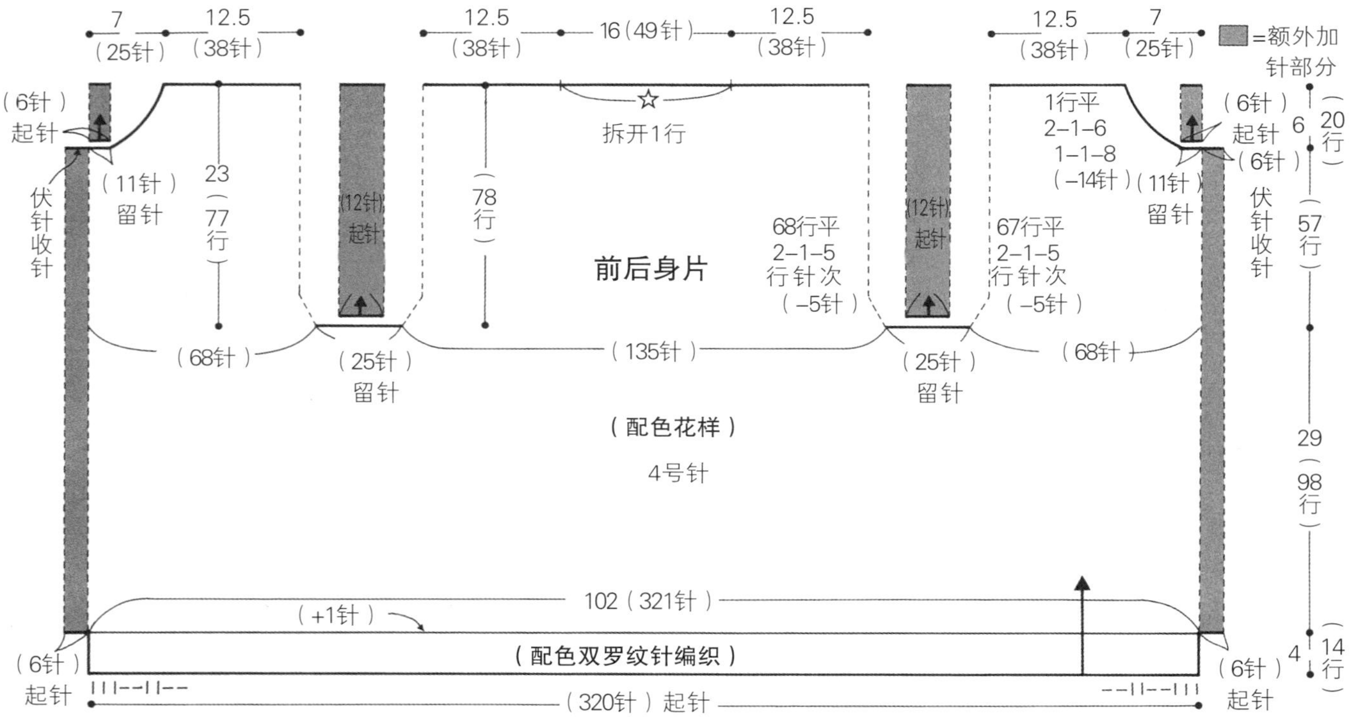

7（25针） 12.5（38针） 12.5（38针） 16（49针） 12.5（38针） 12.5（38针） 7（25针）

▓=额外加针部分

（6针）起针 （11针）留针 23（77行） （12针）起针 78行 ☆ 拆开1行 1行平 2-1-6 1-1-8 （-14针） （6针）起针 （6针） （11针）留针 6（20行）

伏针收针 68行平 2-1-5 行针次（-5针） 67行平 2-1-5 行针次（-5针） 伏针收针 57行

前后身片

（68针） （25针）留针 （135针） （25针）留针 （68针）

（配色花样）

4号针

29（98行）

102（321针） （+1针）

（配色双罗纹针编织）

（6针）起针 （320针）起针 （6针）起针 4（14行）

配色花样参考63页的编织图和配色编织

配色双罗纹针编织

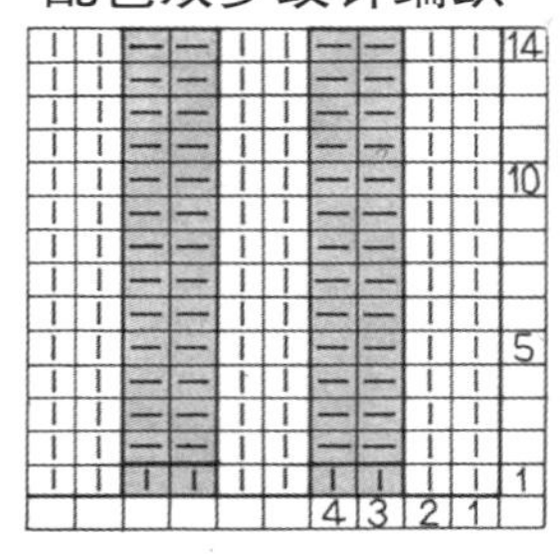

下摆的配色

行	上针	下针
12~14	301	1140
11	1240	1140
9、10	162	253
7、8	290	274
6	162	253
3~5	301	1140
2	1240	760
1		760

袖口的配色

行	上针	下针
12	760	760
11	1240	760
8~10	301	1140
7	253	162
5、6	290	274
4	162	253
3	1240	1140
1、2	301	1140

※用760线伏针收针

领子、前门襟的配色

行	上针	下针
11	182	1140
8~11	301	1140
6、7	290	1140
5	290	274
4	290	1140
2、3	301	1140
1		1140

※用274线伏针收针

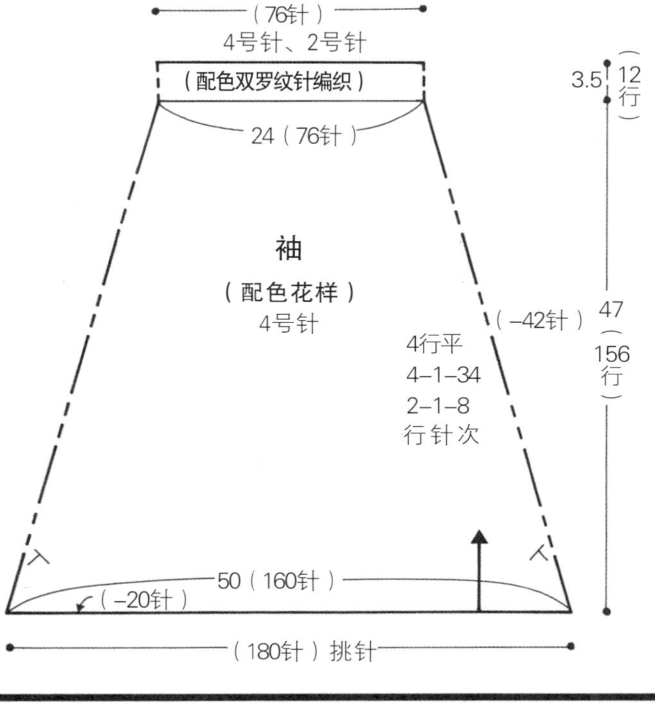

（76针）
4号针、2号针
（配色双罗纹针编织）
24（76针）
3.5（12行）
袖
（配色花样）
4号针
（-42针）
4行平
4-1-34
2-1-8
行针次
47（156行）
50（160针）
（-20针）
（180针）挑针

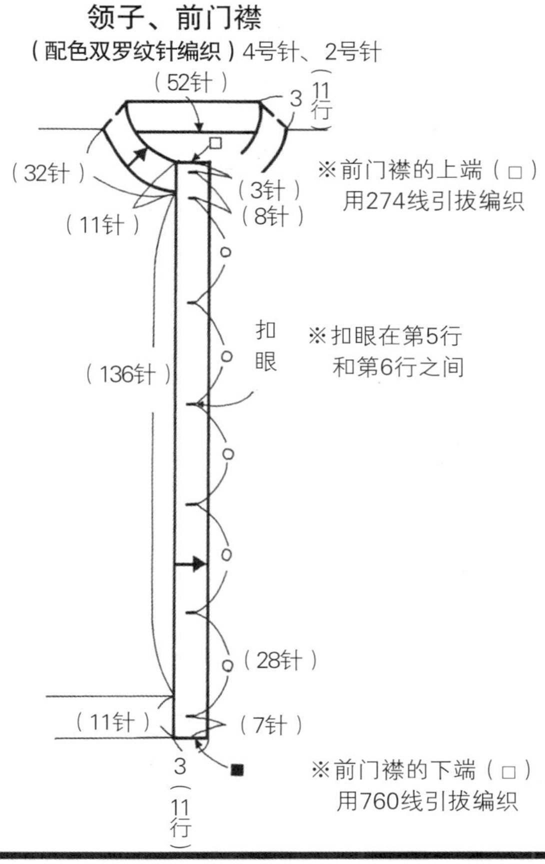

领子、前门襟
（配色双罗纹针编织）4号针、2号针
（52针）
3（11行）
（32针）
（3针）
（8针）
（11针）
※前门襟的上端（□）
用274线引拔编织
（136针）
扣眼
※扣眼在第5行
和第6行之间
（28针）
（11针）
（7针）
3（11行）
※前门襟的下端（□）
用760线引拔编织

接60页

领子、前门襟（配色双罗纹针编织）
（38针）
（-1针）
3（12行）
4号针
2号针
（23针）
（12针）
（3针）
（88针）
扣眼
※扣眼在第6行和
第7行之间
＝（20针）
※前襟上下端
（□、■）用
575线引拔
编织
（-3针）
（24针）
（14针）
（7针）
3（12行）

前门襟的引拔编织

根据不同的作品，前门襟的上下端有时候要引拔编织。上端是领子编织结束时的颜色，下端是开始编织下摆时的颜色等，这样就可以协调好整体的配色。

看着正面在侧边1针内侧引拔编织1行，然后翻过来再引拔编织侧边的半针挑针，再编织1行，共2行。

配色双罗纹针编织

1
4 3 2 1
袖口、前门襟
下摆、领子
编织起点

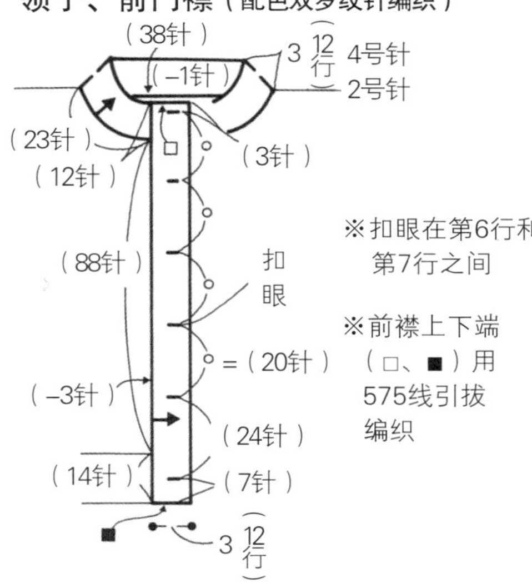

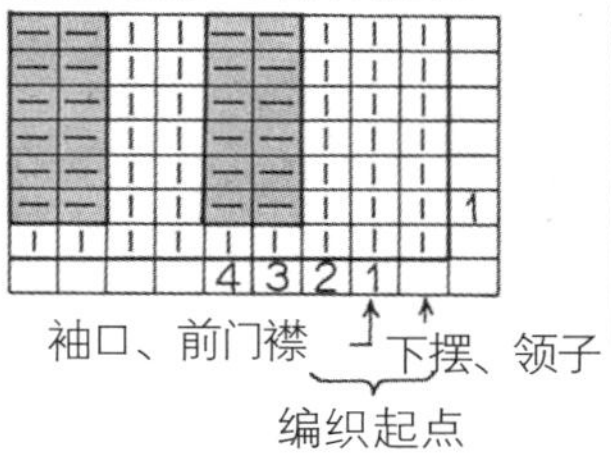

下摆、袖口的配色

下摆	颜色		袖口
13、14	770	575	1
	182	575	2
10~12	182	268	3、4
7~9	576	183	5~8
4~6	182	268	9、10
2、3	FC12	575	11
起针	575	575	12
行	上针	下针	行

※袖口从上向下看
用575线伏针收针

领子的配色

11、12	FC12	575
9、10	182	268
5~8	576	183
2~4	182	268
挑针		268
行	上针	下针

※用575线伏针收针

前门襟的配色

12		268
11	576	268
8~10	576	183
6、7	577	183
3~5	576	183
2	577	183
挑针		183
行	上针	下针

※用268线伏针收针

P10

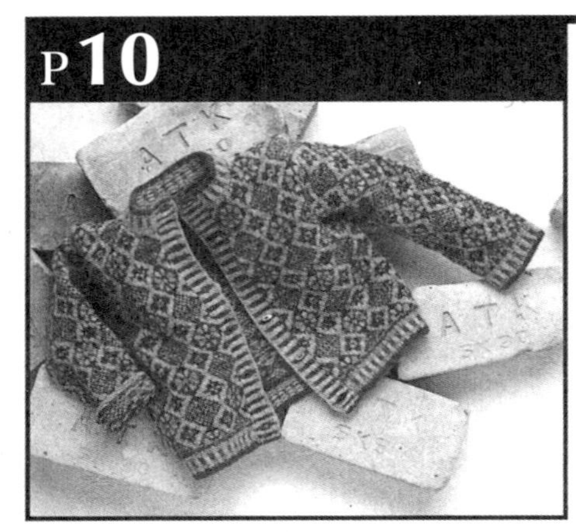

线　浅米黄色混纺线（183）、浅粉色混纺线（268）、米黄粉色（576）各3团，橘黄色混纺线（182）、胭脂红色（577）、深黄绿色混纺线（147）各2团，牡丹红色（575）、绿色（770）各1团

扣子　6颗

针　环形针（60cm、40cm）4号，4号和2号短针5根1组，钩针3/0号

完成尺寸　胸围71cm，肩背宽27cm，衣长34cm，袖长31cm

密度　10cm×10cm面积内：配色花样33针，35行

要点　领子、袖口和前门襟的最终行与伏针收针使用2号针，其他的用4号针编织。下摆的双罗纹针配色编织在两端立起3针下针，编织平针。身片的额外加针部分（参考53页）包夹在前身片中央编织。在配色花样的1个花样中，重复2次相同的配色编织。袖口的配色编织与下摆的方向相反，配色也稍有不同。袖口、领子、前门襟的伏针收针与最终行的颜色相同，边编织下针、上针边收针。扣眼用576线收边。

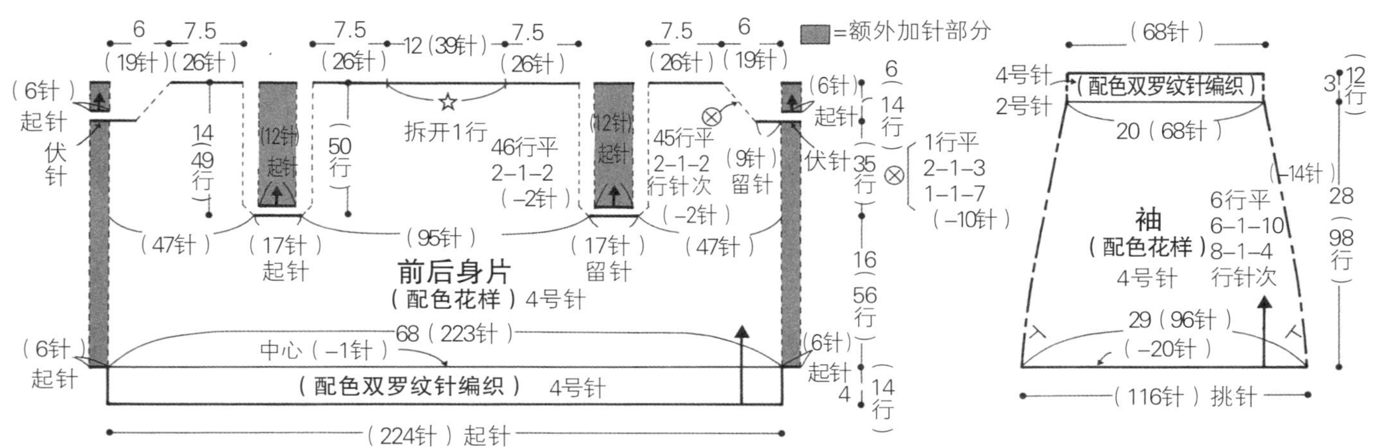

配色花样

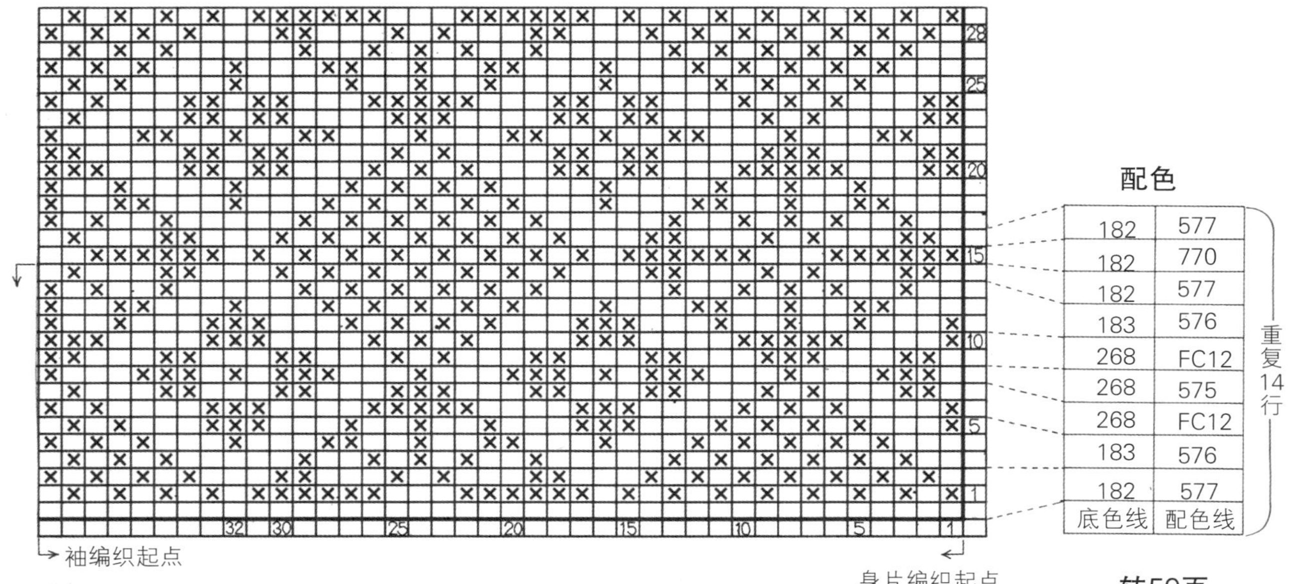

配色

底色线	配色线
182	577
182	770
182	577
183	576
268	FC12
268	575
268	FC12
183	576
182	577

重复14行

转59页

P12

线 米黄粉色混纺线（290）5团，浅蓝绿色混纺线（135）4团，浅橘色混纺线（185）、土耳其蓝色（760）各3团，浅蓝色混纺线（130）、浅蓝色（764）、绿色（770）各2团，深红褐色（478）、三文鱼色（540）、亮蓝绿色（787）各2团

针 环形针（60cm、40cm）3号，3号短针5号1组，钩针3/0号

完成尺寸 胸围103cm，肩背宽42cm，衣长66cm，袖长58cm

密度 10cm×10cm面积内：配色花样34针，35行

要点 手指挂线起针（参考51页），编织下摆的配色双罗纹针14行，然后换成配色编织。配色编织请参考63页。袖窿、领子的减针不是在额外加针部分，而是在身片的侧边，立针编织。袖子的挑针是找齐后肩的底色线和颜色，向着与身片相反的方向编织。领子的挑针，在中心的留针与从行挑针的地方不要留下孔眼，紧紧地将线拉出。

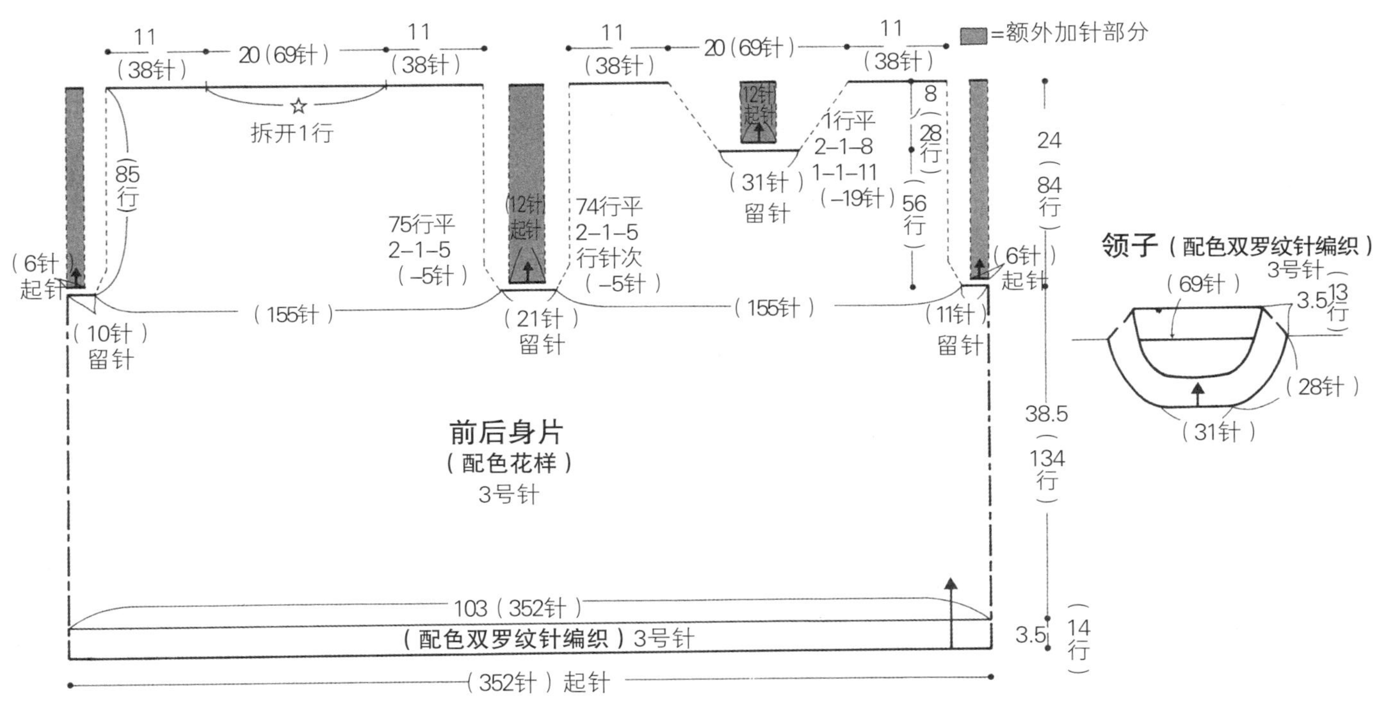

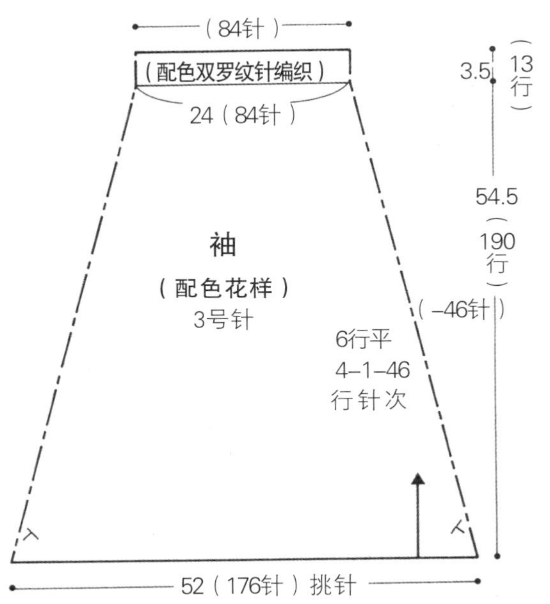

配色双罗纹针编织

领子的配色

13	760	770
12	478	135
9~11	290	135
7、8	185	135
3~5	290	130
4	185	130
3	185	764
2	787	764
挑针		760
行	上针	下针

※用770线伏针收针

下摆、袖口的配色

下摆	颜色		袖口
14	787	764	1
13	760	764	2
12	290	130	
11	185	130	3
10	290	130	4、5
	185	130	6
	290	135	7、8
8、9	185	135	9
6、7	290	135	10
4、5	185	135	11
3	478	135	12
2	760	770	13
起针		770	
行	上针	下针	行

※袖口从上向下看
用770线伏针收针

配色花样参考63页的编织图和配色编织

骰子图案的配色花样

□=底色线 ⊠=配色线
第1行用同样颜色的底色线编织
"阳光"的配色
与B相同
与②相同
与A相同
与②相同
与B相同
与①相同
与A相同
与②相同
B
620 268
787 268
620 268
②
153 440
153 435
547 182
547 410
547 182
153 435
153 440
A
620 268
617 268
620 268
①
547 182
153 365
153 768
153 365
547 182
620 268
底色线 配色线
重复84行
※重复的配色中①、②之间A、B交互加入
"大自然的包容力"的配色
970 293
970 239
880 239
880 1290
890 1290
890 600
890 1290
970 1290
970 239
880 239
880 293
890 293
970 239
970 1290
880 1290
890 600
970 1290
970 239
880 239
880 293
890 293
970 293
970 239
880 1290
890 1290
890 600
970 600
970 1290
970 239
880 239
890 239
890 293
970 293
底色线 配色线
底色线重复84行
配色线重复28行
※身片、袖子的第1行用970线编织
袖
"大自然的包容力" "阳光"
袖编织起点
"阳光" "大自然的包容力"
身片编织起点

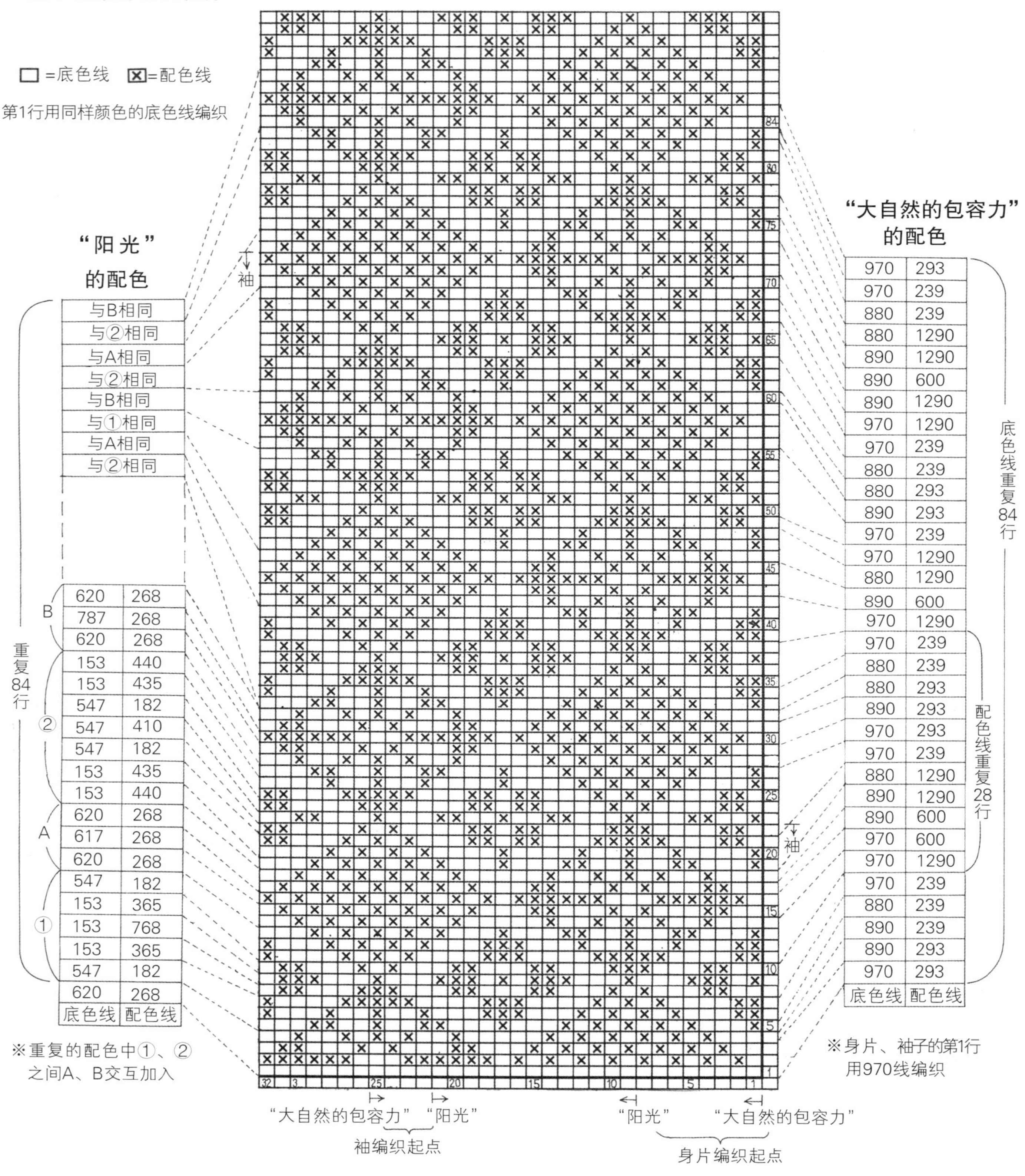

"思乡"的配色

重复42行

底色线	配色线
410	115
620	792
410	115
230	585
182	530
183	134
182	530
230	585
555	1020
575	780
555	1020
230	585
182	530
183	134
182	530
230	585
410	115
620	792
410	115
182	760
230	676
870	525
230	676
182	760
410	115

"快乐季节"的配色

重复42行

底色线	配色线
259	182
259	760
259	182
274	290
1140	301
162	1240
1140	301
274	290
760	140
259	182
760	140
274	290
1140	301
162	1240
1140	301
274	290
259	182
259	760
259	182
1140	301
274	290
764	253
274	290
1140	301
259	182

袖

"快乐季节"袖编织起点

身片编织起点

※袖的挑针用760线

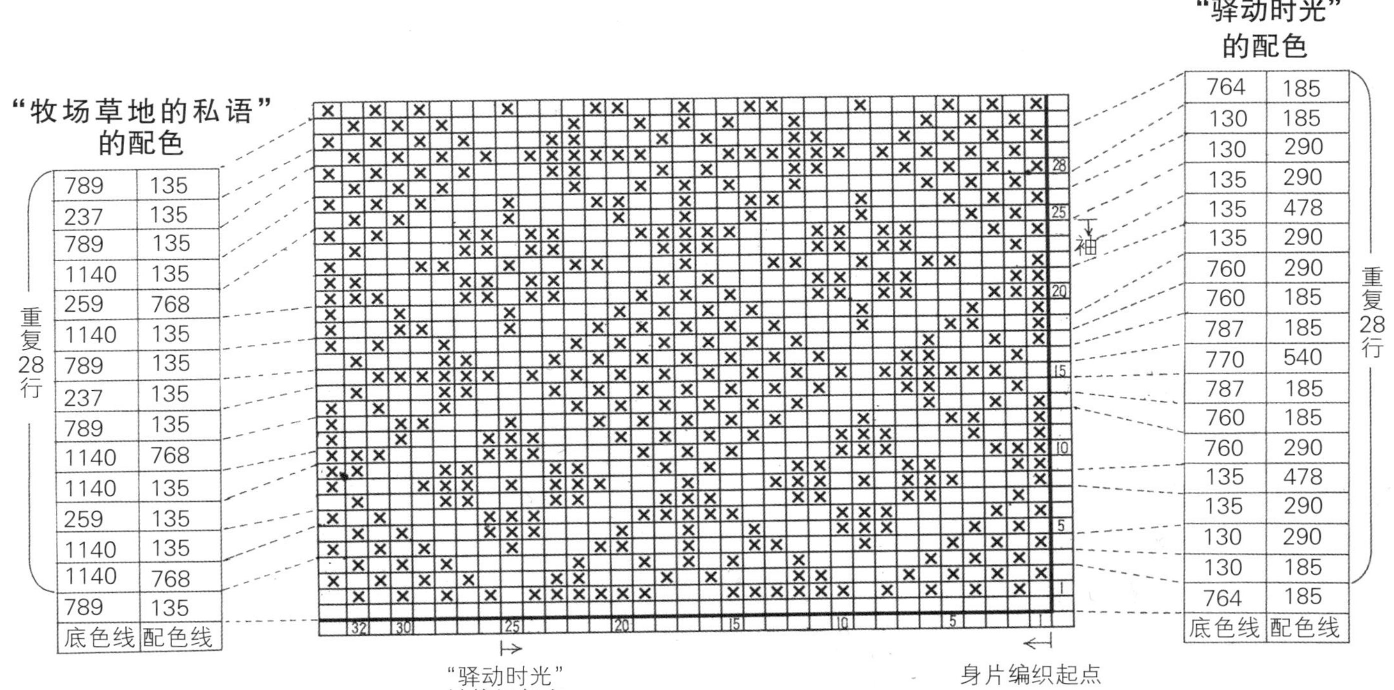

"牧场草地的私语"的配色

重复28行

底色线	配色线
789	135
237	135
789	135
1140	135
259	768
1140	135
789	135
237	135
789	135
1140	768
1140	135
259	135
1140	135
1140	768
789	135

"驿动时光"的配色

重复28行

底色线	配色线
764	185
130	185
130	290
135	290
135	478
135	290
760	290
760	185
787	185
770	540
787	185
760	185
760	290
135	478
135	290
130	290
130	185
764	185

P16

线 茶褐色（970）5团，红茶色与绿色混纺线（239）4团，茶色（880）、灰茶色（890）、紫红色与绿色混纺线（1290）各3团，深紫红色（293）、紫色（600）各2团

扣子 7颗

针 环形针（60cm）4号和3号、（40cm）4号和2号，4号短针5根1组，钩针3/0号

完成尺寸 胸围113cm，肩背宽45cm，衣长64.5cm，袖长55cm

密度 10cm×10cm面积内：配色花样32针，33行

要点 领子的花样用4号针和3号针编织，底领用2号针编织，其他的用4号针编织。配色花样请参考62页。手指挂线起针（参考51页），下摆的花样编织在两端立起3针下针，编织平针。身片的配色花样将额外加针部分（参考53页）包夹在前身片中央编织。前门襟的下摆编织下针2针，在缝合领一侧立起3针。做好的扣眼在水洗之后撑大一些，编织额外加针处理边。底领从前门襟和领窝挑针编织17行，剪断线，在另一侧加线编织领子。

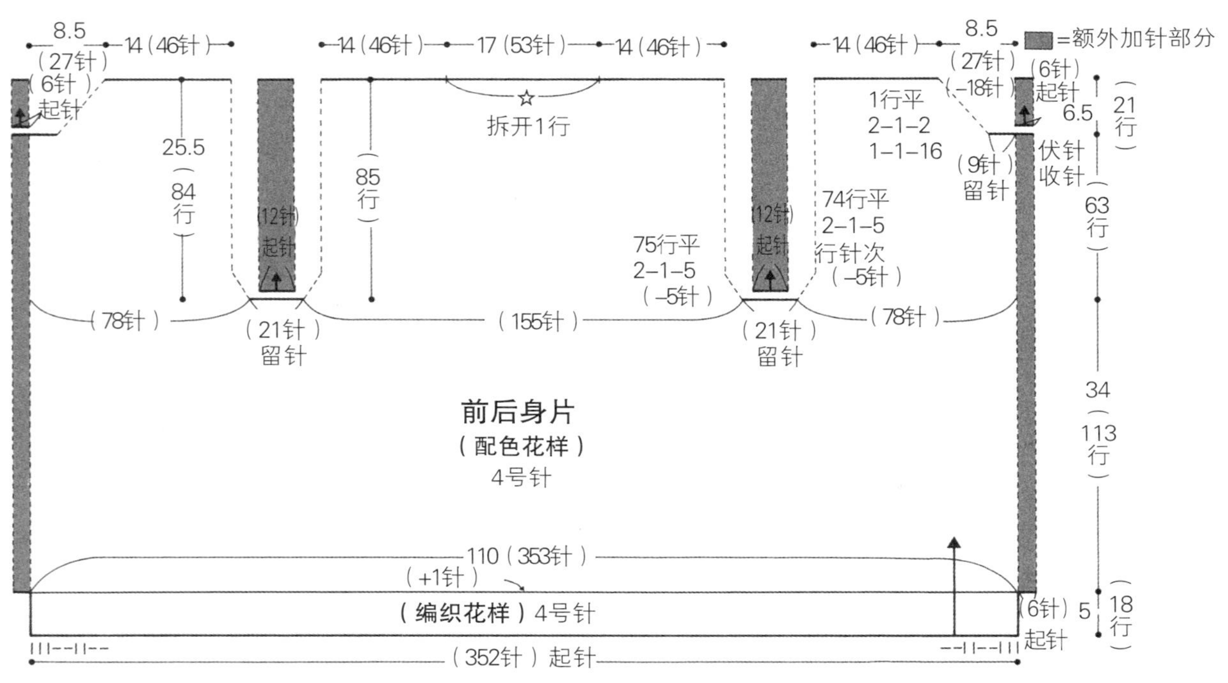

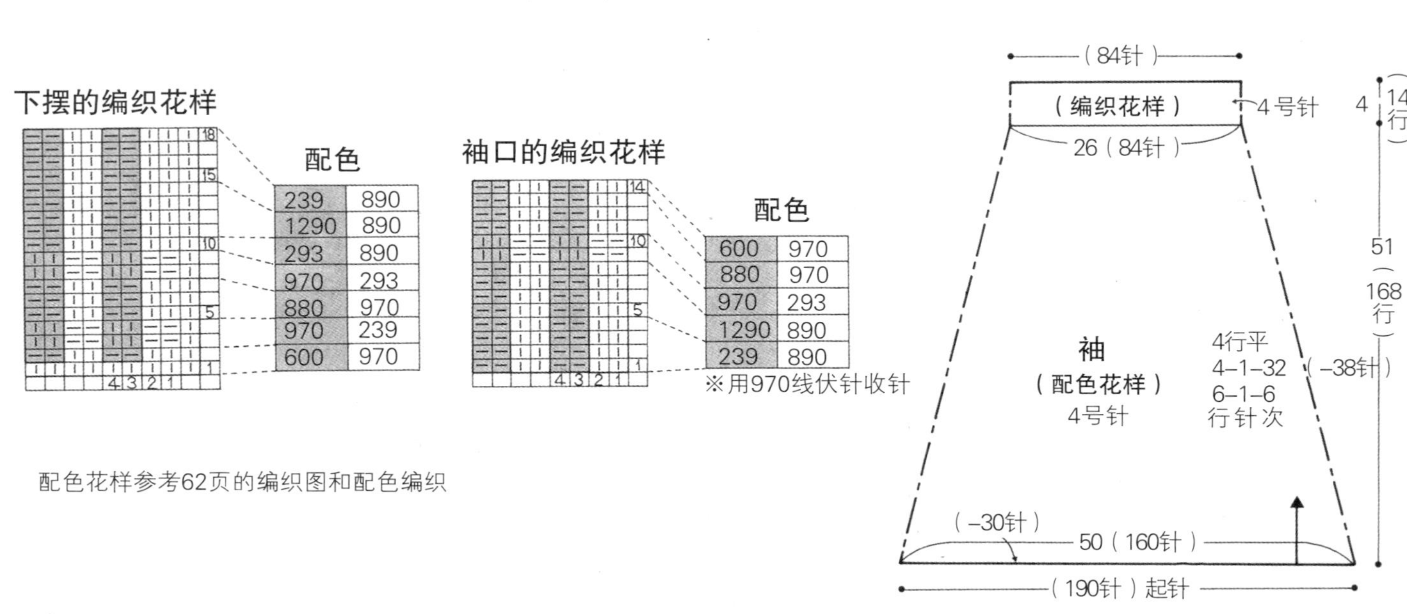

下摆的编织花样

配色

239	890
1290	890
293	890
970	293
880	970
970	239
600	970

袖口的编织花样

配色

600	970
880	970
970	293
1290	890
239	890

※用970线伏针收针

配色花样参考62页的编织图和配色编织

前门襟（配色双罗纹针编织）

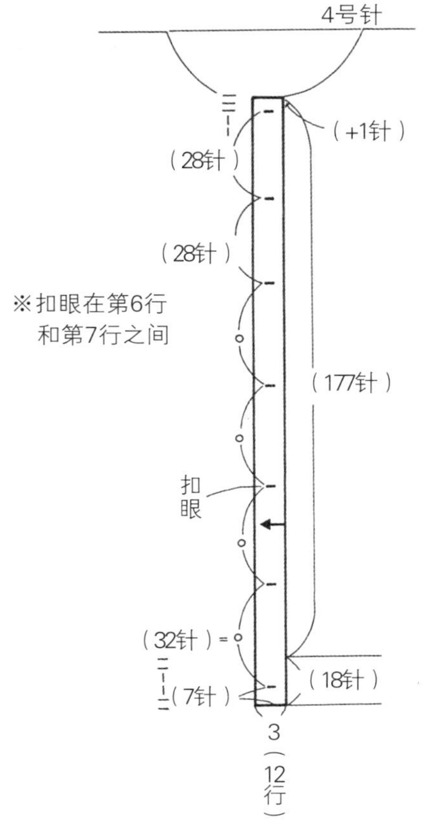
4号针
（+1针）
（28针）
（28针）
※扣眼在第6行
和第7行之间
（177针）
扣
眼
（32针）=
（18针）
（7针）
3
（12行）

前门襟的配色

11、12	293	970
10	293	890
6~9	1290	890
2~5	239	890
挑针		890
行	上针	下针

※用970线伏针收针

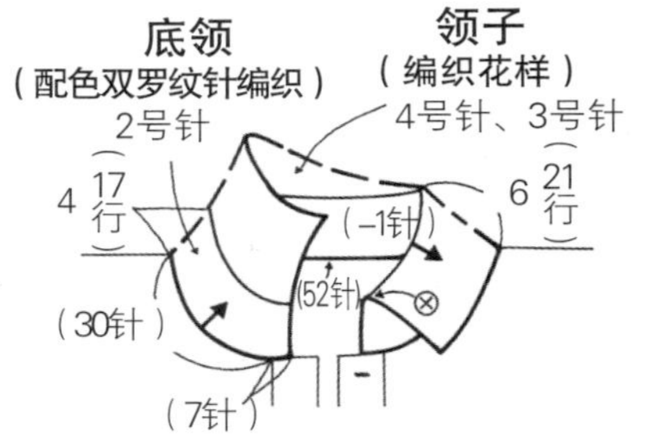
底领
（配色双罗纹针编织）
2号针
领子
（编织花样）
4号针、3号针
4
17
行
6
21
行
（-1针）
（52针）
（30针）
（7针）

※底领的第16、17行改为编织下针，剪断线

※领子在⊗标记处接线，与底领颠倒正反面编织

领子的编织花样

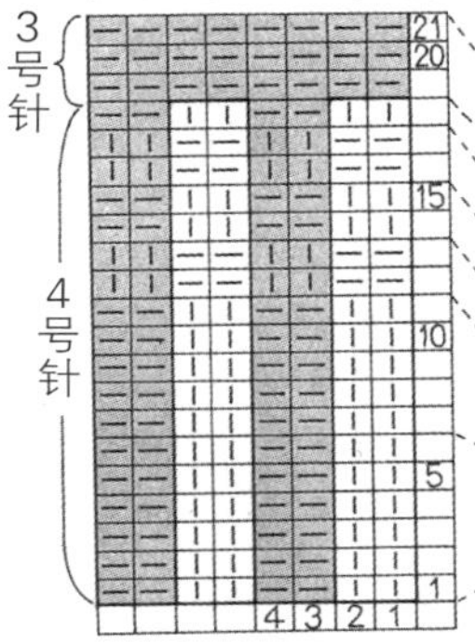
3
号
针
4
号
针
21
20
15
10
5
1
4
3
2
1

配色

970	
600	970
970	239
880	970
970	293
1290	890
239	890

※用970线伏针收针

配色双罗纹针编织

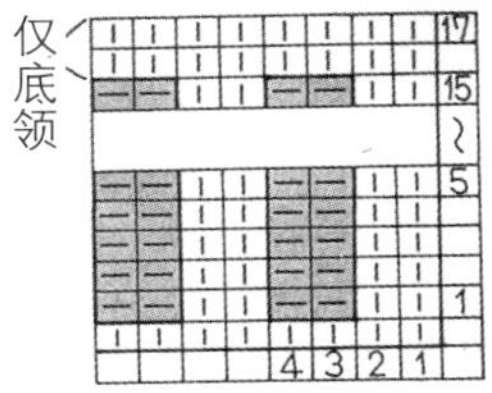
仅
底
领
17
15
5
1
4
3
2
1

底领的配色

16、17		970
2~15	1290	970
挑针		970
行	上针	下针

接第66页

配色双罗纹针和V领前端的编织方法

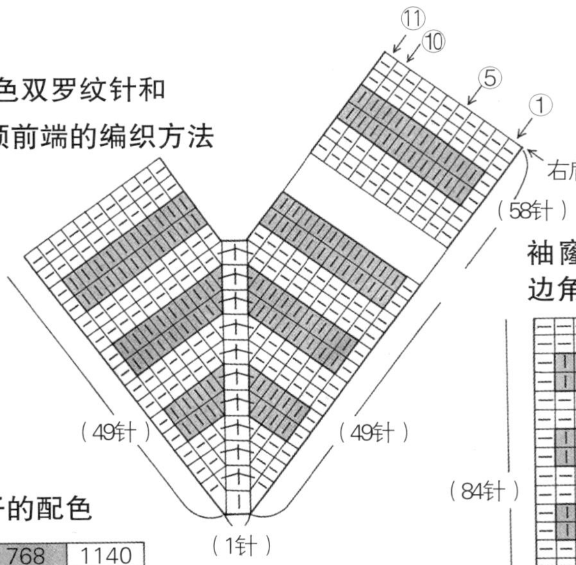
11
10
5
1
右肩
（58针）
（49针）
（49针）
（1针）

领子的配色

11	768	1140
9、10	135	1140
6~8	272	259
4、5	789	1140
2、3	789	259
挑针		259
行		

※用1140线伏针收针

袖窿的编织花样和边角的编织方法

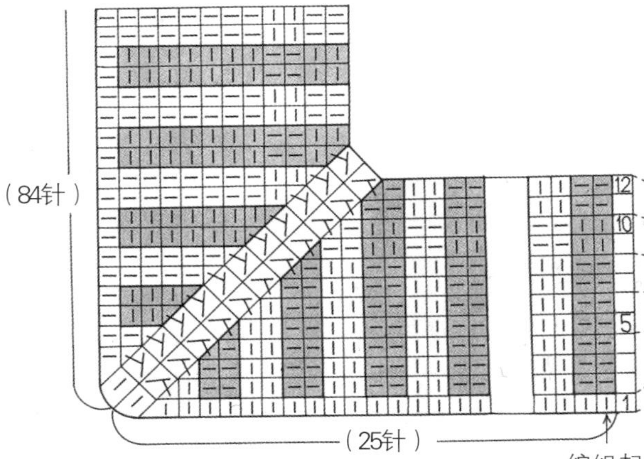
12
10
5
1
（84针）
（25针）
编织起点

配色

135	789
1140	768
272	259
789	1140
789	259
	259

※用135线伏针收针

P18

线　浅蓝色混纺线（135）、灰黄绿色（1140）各3团，黄绿色混纺线（259）、浅灰蓝色（768）、灰绿色（789）各2团，橘色和茶色混纺线（237）、灰绿色混纺线（272）各1团

针　环形针（60cm）4号、（40cm）4号和2号，钩针3/0号

完成尺寸　胸围92cm，肩背宽39cm，衣长57cm

密度　10cm×10cm面积内：配色花样34.5针，35.5行

要点　领子、袖窿的最终行和伏针收针使用2号针，其他的使用4号，全部为环形编织。配色花样参考63页。花样与配色的重复行数相同，花样的同样位置总是同样颜色的。V领中心从第2行开始，逐行编织中上3针并1针（参考55页），织出锐角的V形，伏针收针编织3针并1针。袖窿在肋处接线开始编织，袖窿的边角处理方法是通过组合左上2针并1针和右上2针并1针减针编织（参考56页），伏针收针时也同样并针减针。

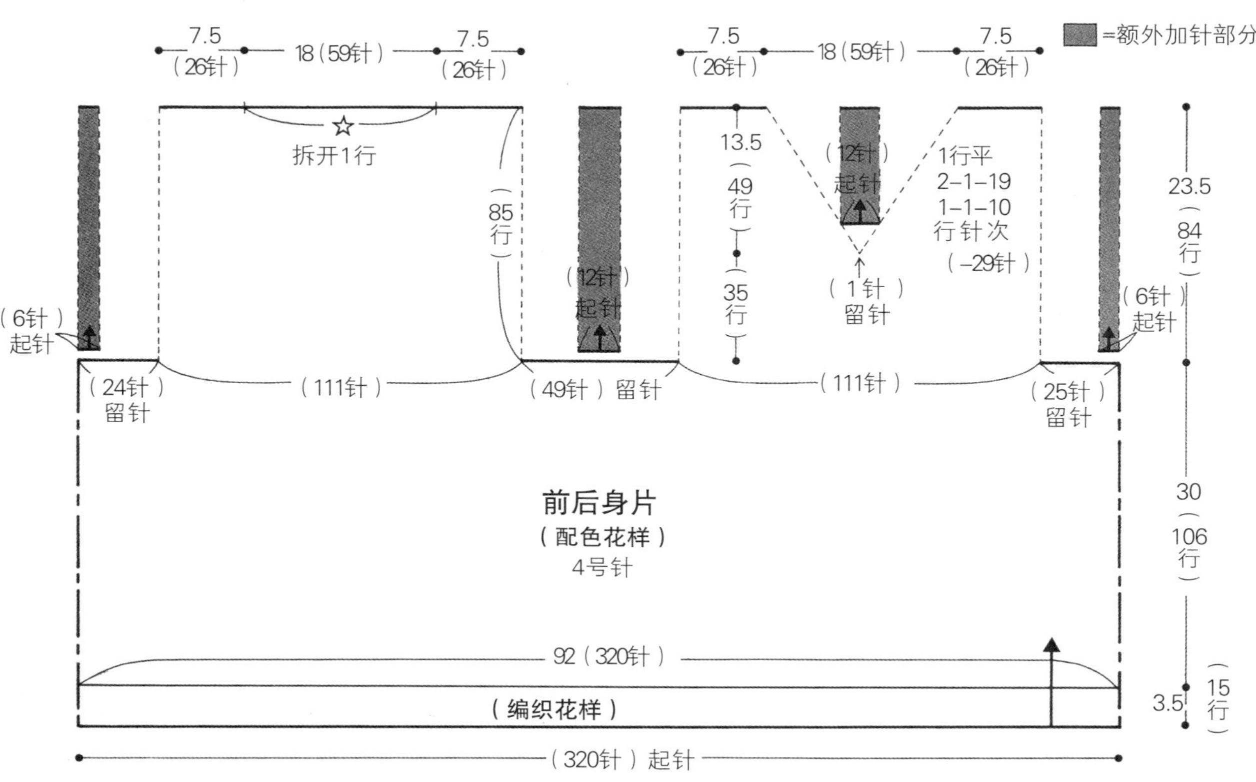

配色花样编织参考63页的编织图和配色编织

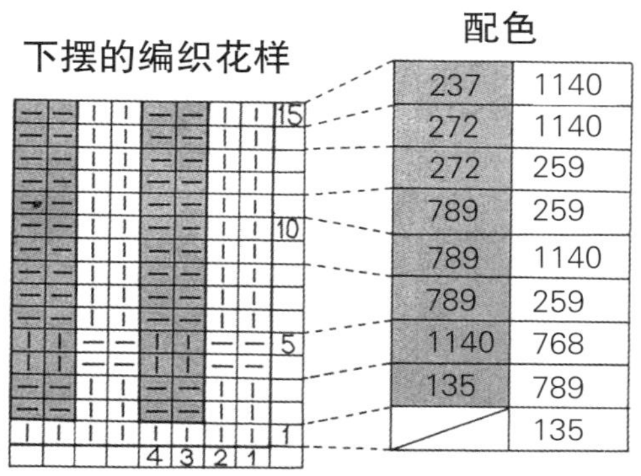

配色

237	1140
272	1140
272	259
789	259
789	1140
789	259
1140	768
135	789
	135

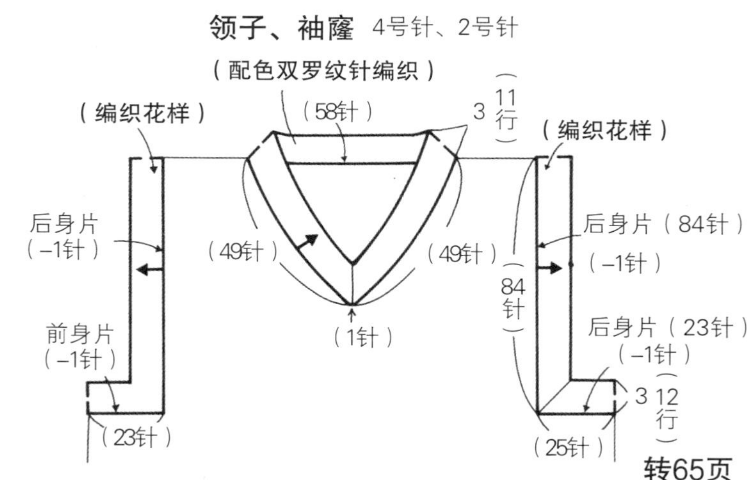

转65页

P20

线 浅茶色和原色捻线（120）、茶色与浅茶色捻线（121）各3团，天蓝色（660）、绿色与天蓝色混纺线（1010）、芥末绿色混纺线（1160）各2团，浅蓝色混纺线（135）、黄色与天蓝色混纺线（240）、象牙白色（375）、红色（500）、深牡丹红色（580）、深蓝绿色（1020）各1团

扣子 6颗

针 环形针（60cm、40cm）4号，4号和2号短针5根1组，钩针3/0号

完成尺寸 胸围72.5cm，肩背宽29cm，衣长36cm，袖长30cm

密度 10cm×10cm面积内：配色花样32针，33行

要点 领子、前门襟、袖口的最终行和伏针收针使用2号针，其他使用4号针。前门襟从下摆前端开始挑针，下摆侧面为下针2针，接领子一侧立起3针下针编织。底领看着身片正面编织，留针剪断线。领子是在底领编织结束的另一侧接线，看着底领的反面编织。扣眼水洗之后，根据扣子尺寸放大扣眼，编织额外加针处理边缘。

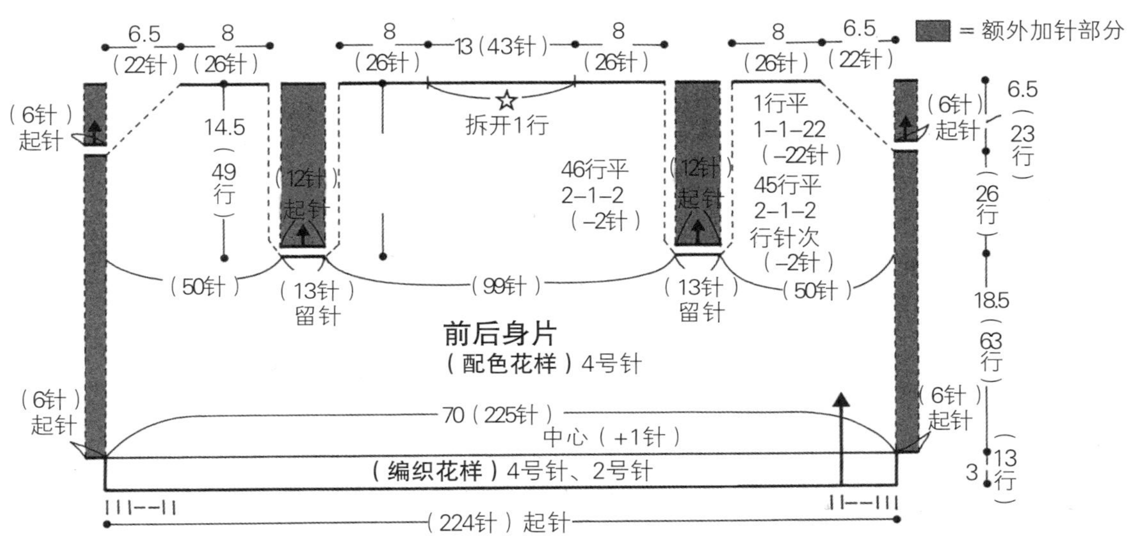

下摆、袖口的编织花样

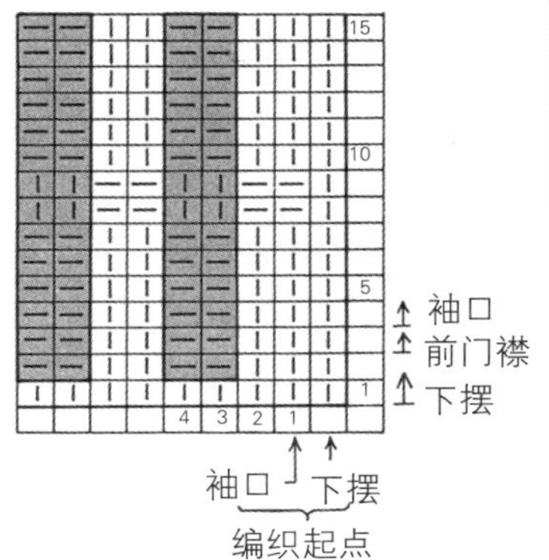

下摆的配色

12、13	135	121
11	1010	121
10	240	121
8、9	120	660
5~7	240	121
3、4	1020	121
2	580	121
起针		500
行		

袖口、前门襟的配色

袖口	配色		前襟
12	500	121	
11	580	121	
10	1020	121	
7~9	240	121	8~10
5、6	120	660	（6、7）
4	240	121	5
3	1010	121	4
1、2	135	121	2、3
		121	挑针
行			行

※用500线伏针收针

※前门襟的第6、7行用120线编织下针，用660线编织上针

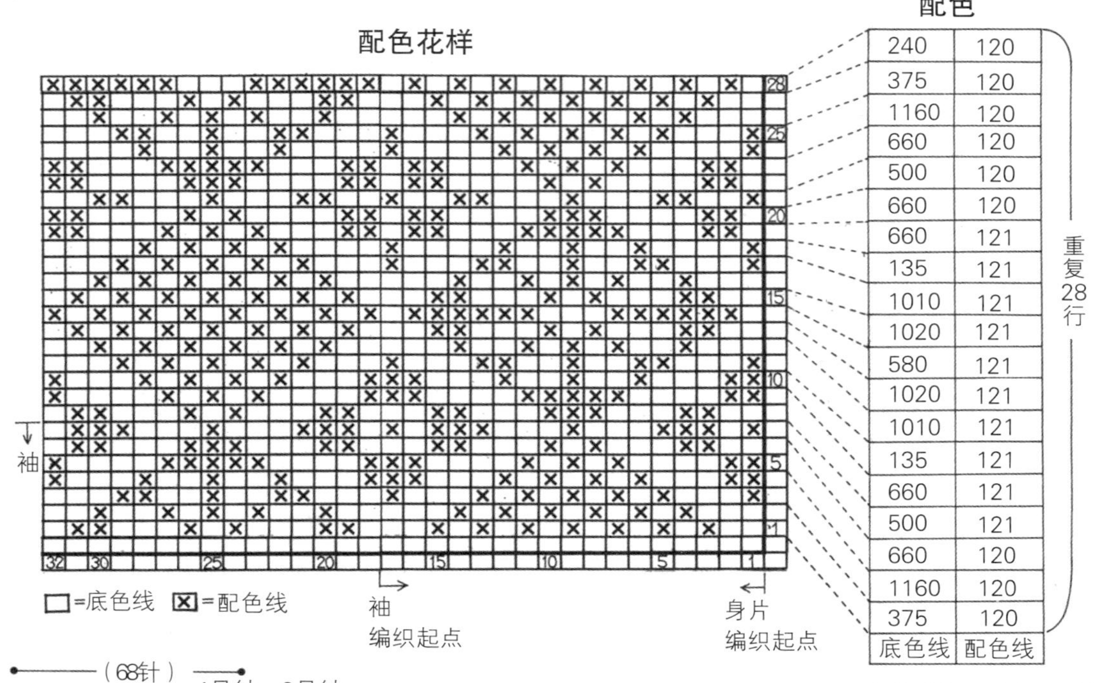

配色

底色线	配色线
240	120
375	120
1160	120
660	120
500	120
660	120
660	121
135	121
1010	121
1020	121
580	121
1020	121
1010	121
135	121
660	121
500	121
660	120
1160	120
375	120

重复28行

※身片的第1行用375线编织，
袖子第1行用121线编织

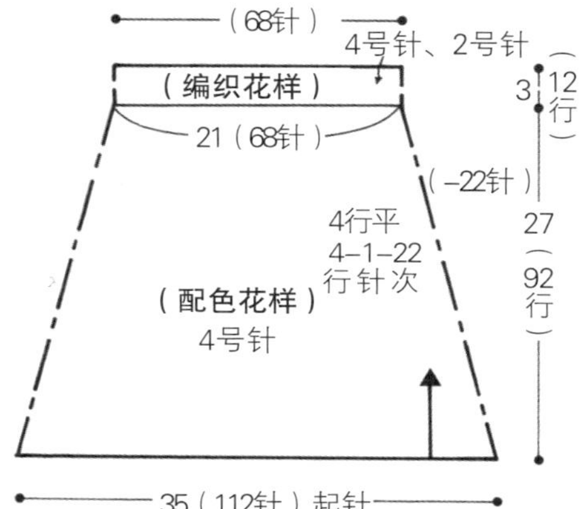

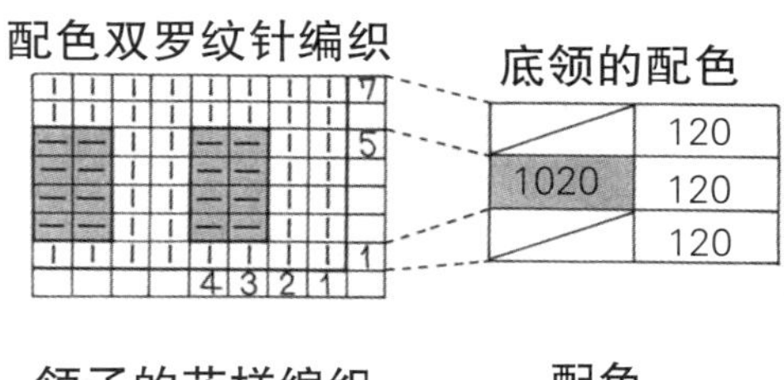

※底领的第6、7行编织下针
※领子在⊗标记处接线，
与底领正反颠倒编织

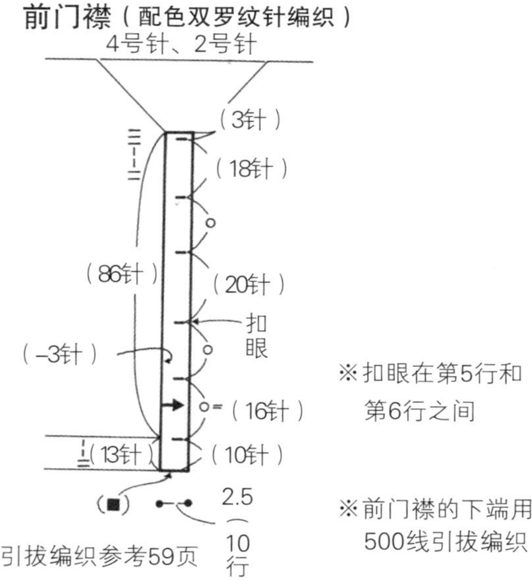

※扣眼在第5行和
第6行之间

※前门襟的下端用
500线引拔编织

配色双罗纹针编织

底领的配色

	120
1020	120
	120

领子的花样编织

配色

500	
580	
1020	120
240	120
121	660
240	120
1020	120
135	120

※用500线伏针收针

P25

线 浅橘色（440）3团，藏青色与紫红色混纺线（175）、黄色与天蓝色混纺线（240）各2团

针 环形针（60cm）4号、（40cm）4号和2号，钩针3/0号

完成尺寸 胸围77cm，肩背宽30cm，衣长38cm

密度 10cm×10cm面积内：配色花样33针，34.5行

要点 与51页开始介绍的作品属于同一类型，可以参考编织。领子、袖窿的最终行和伏针收针用2号针，其他的用4号针。配色花样图案参考52页。身片以左肋为起点开始环形编织，肩内侧朝外，用175线钩针引拔钉缝。V领中心编织3针并1针减针，伏针收针时也编织3针并1针。袖窿的边角编织左上2针并1针和右上2针并1针的组合减针，伏针收针也同样并针减针。额外加针部分的处理（参考56页）使用440线，用配色编织里侧的同色渡线收边。水洗，剪掉线头。

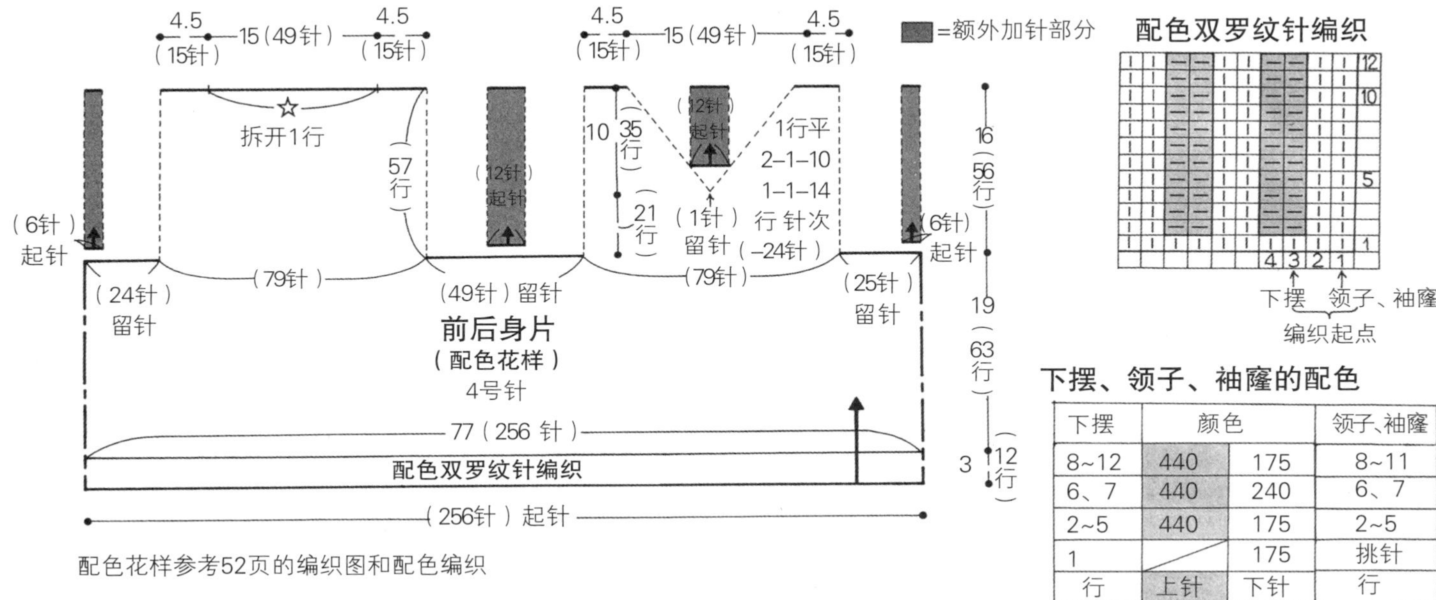

配色花样参考52页的编织图和配色编织

下摆、领子、袖窿的配色

下摆	颜色		领子、袖窿
8~12	440	175	8~11
6、7	440	240	6、7
2~5	440	175	2~5
1		175	挑针
行	上针	下针	行

※用240线伏针收针

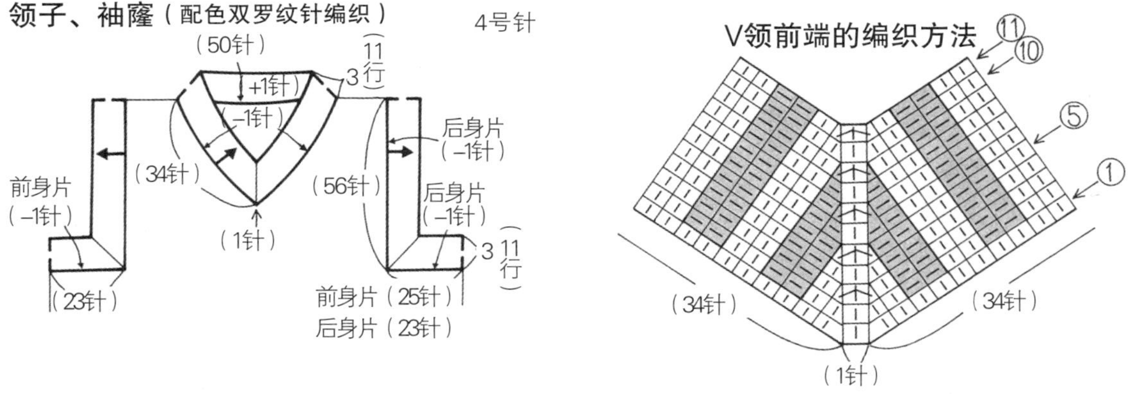

P22

线　深芥末绿色混纺线（230）3团，金黄色（410）、粉红色（530）各2团，灰色与茶色捻线（115）、天蓝色混纺线（134）、橘黄色混纺线（182）、浅米色混纺线（183）、深红色（525）、浅粉色（555）、牡丹红色（575）、亮紫红色（585）、浅紫色（620）、深土耳其蓝色（676）、土耳其蓝色（760）、黄绿色（780）、深绿色（792）、可可色（870）、深蓝绿色（1020）各1团

针　环形针（60cm）4号、（40cm）4号和2号，4号短针5根1组，钩针3/0号

完成尺寸　胸围88cm，肩背宽34cm，衣长50.5cm

密度　10cm×10cm面积内：配色花样32.5针，34行

要点　领子、袖窿的最终行和伏针收针使用2号针，其他都用4号针。配色编织花样参考63页。配色双罗纹针编织的同色位置是下针和上针的组合编织。为了让V领前身片中心的1针左右配色对称，下针和上针的组合正相反。袖窿的边角是追加配色。

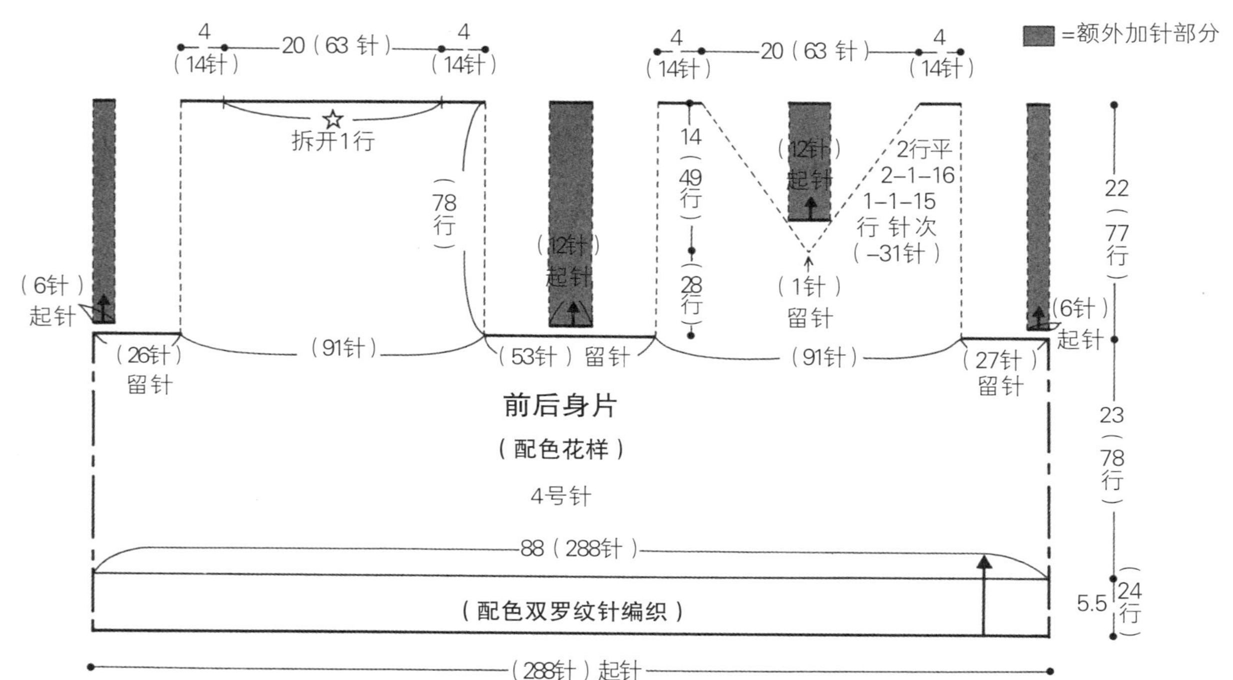

配色花样参考63页的编织图和配色编织

领子、袖窿（配色双罗纹针编织）4号针

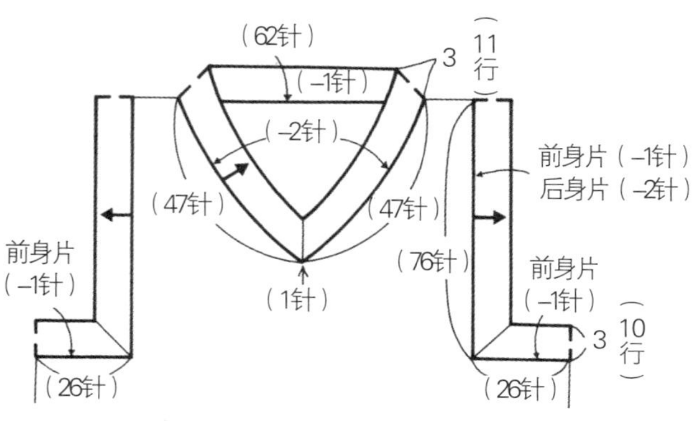

下摆的编织花样

下摆的配色

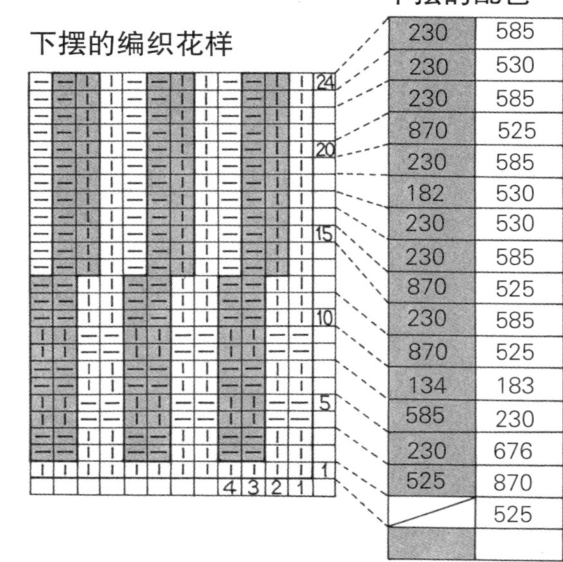

230	585
230	530
230	585
870	525
230	585
182	530
230	530
230	585
870	525
230	585
870	525
134	183
585	230
230	676
525	870
	525

领子、袖窿的配色

领子	色号		袖窿
11	230	530	10
10	182	530	9
8、9	230	585	7、8
7	870	525	6
3~6	230	585	3~5
2	230	530	2
挑针	230		挑针
行			行

※用525线伏针收针

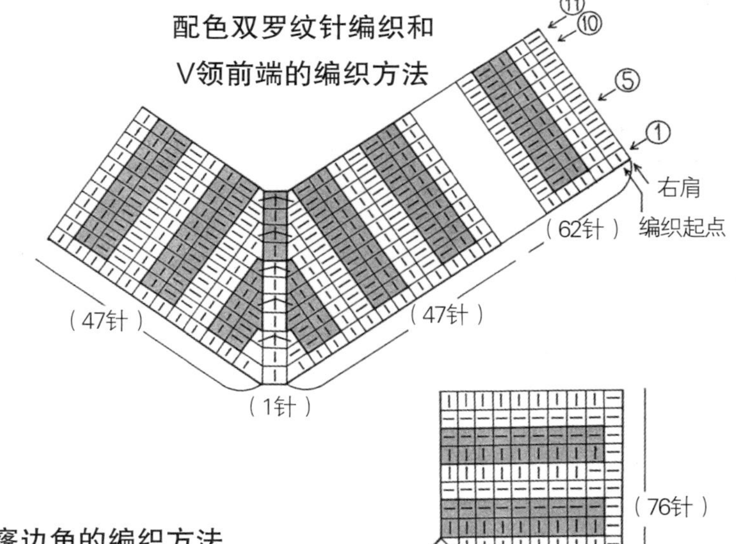

袖窿边角的编织方法

（76针）
（76针）
⑪
⑩
⑤
①
（27针–1针）
（26针）
编织起点
胁

接72页

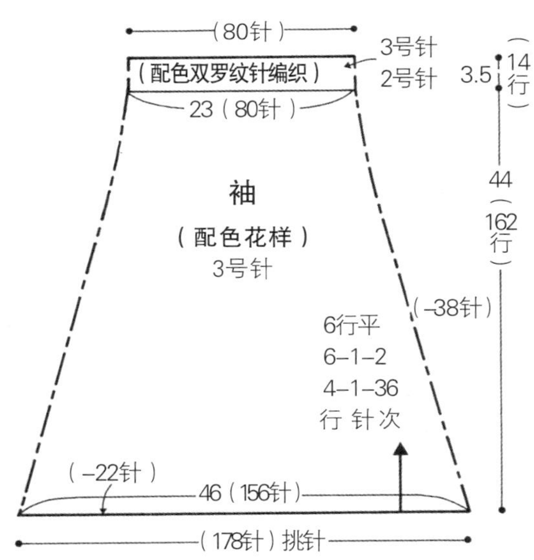

领子、前门襟

（配色双罗纹针编织）3号针、2号针

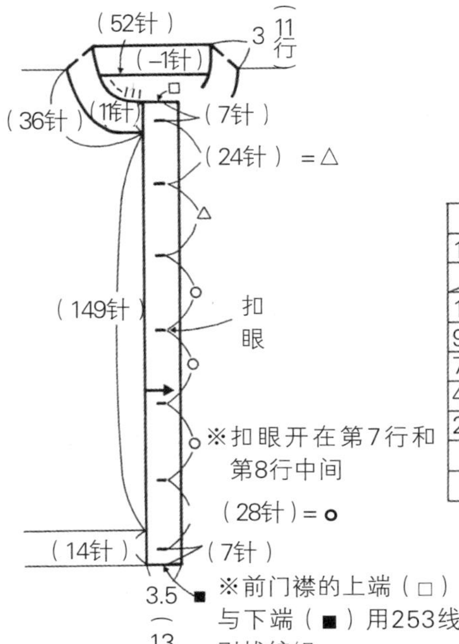

引拔编织参考59页

配色双罗纹针编织

4 3 2 1
1

前门襟、袖口的配色

前襟	颜色		袖口
13	253	253	14
	135	253	13
11、12	301	1140	11、12
9、10	576	365	10
7、8	1190	140	8、9
4~6	576	365	5~7
2、3	301	1140	2~4
挑针		1140	1
行	上针	下针	行

下摆的配色

12~14	301	1140
10、11	576	365
8、9	1190	140
6、7	576	365
3~5	301	1140
2	135	253
起针		253
行	上针	下针

领子的配色

11	253	253
9、10	135	253
7、8	1190	140
5、6	576	365
2~4	301	1140
挑针		1140
行	上针	下针

P28

线 浅灰色与黄色混纺线（140）4团，茶色与灰色混纺线（253）3团，浅蓝色混纺线（135）、橘粉色混纺线（301）、浅黄绿色（365）、粉黄色（576）、灰黄绿色（1140）、金茶色（1190）各2团，芥末绿色（425）、牡丹红色（575）各1团

扣子 7颗

针 环形针（60cm、40cm）3号，3号和2号短针5根1组，钩针3/0号

完成尺寸 胸围102.5cm，肩背宽41cm，衣长50.5cm，袖长47.5cm

密度 10cm×10cm面积内：配色花样34针，37行

要点 领子、袖口、前门襟的最终行和伏针收针使用2号针，其他的都用3号针。身片将额外加针部分（参考53页）包夹在中央编织，领子是与肩钉缝，挑针剪开前领中心的额外加针部分，两端立起3针下针编织。前门襟从前身片和领子挑针。扣眼在水洗后根据扣子大小放大，编织额外加针处理边缘。

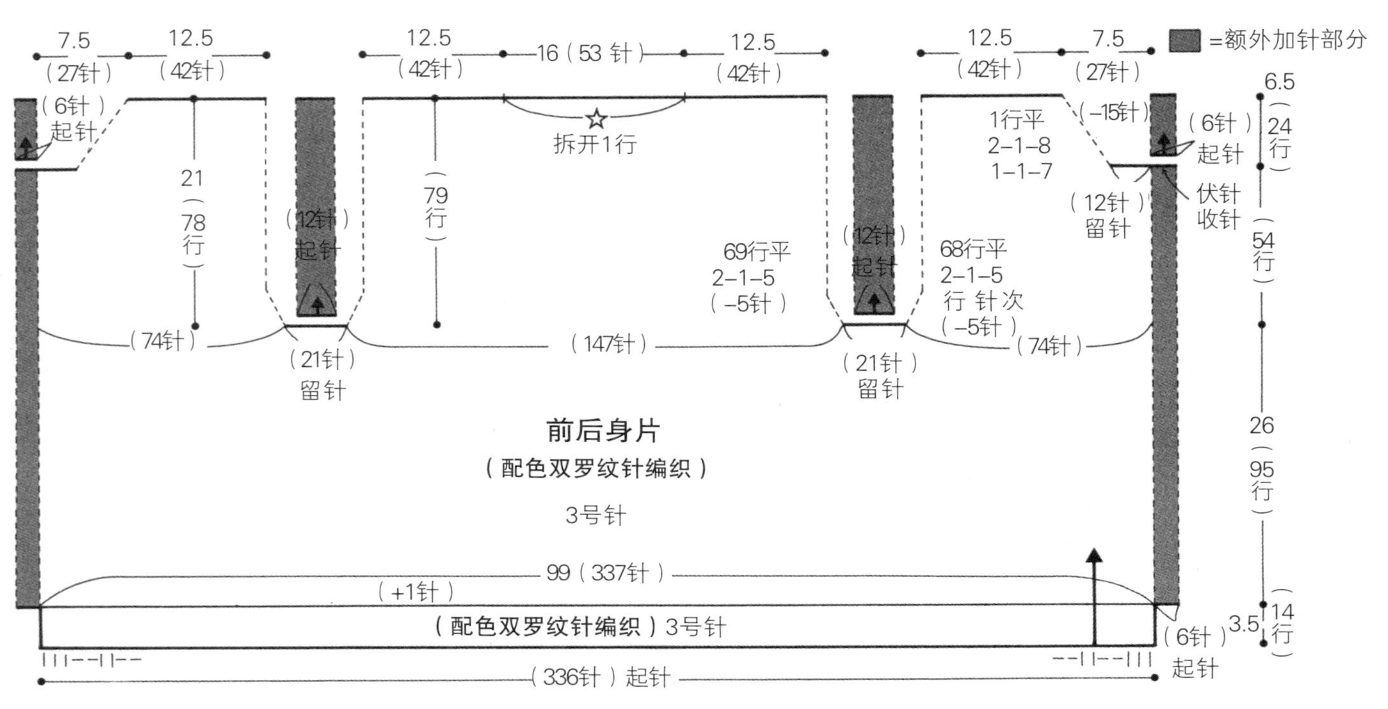

配色花样

下摆的配色

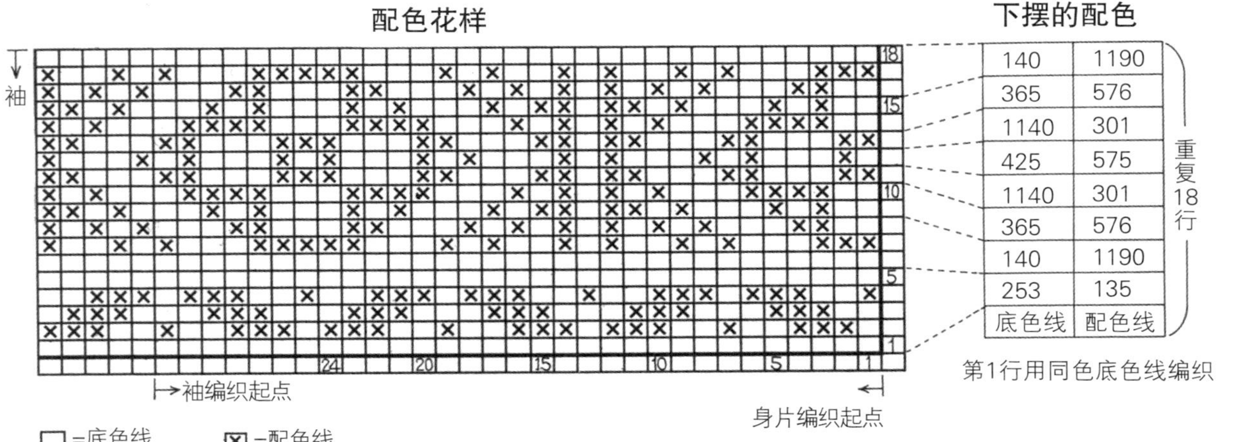

底色线	配色线
140	1190
365	576
1140	301
425	575
1140	301
365	576
140	1190
253	135

第1行用同色底色线编织

下转71页

P30

线 深芥末绿色混纺线（230）、浅粉色混纺线（268）各3团，黑色与芥末绿色混纺线（231）、浅橘色（440）各2团，黄色与橄榄绿色混纺线（147）、蓝紫色混纺线（1300）各1团

针 环形针（60cm、40cm）4号，钩针3/0号

完成尺寸 胸围87cm，肩背宽34cm，衣长53cm

密度 10cm×10cm面积内：配色花样33针，35行

要点 全部环形编织。手指挂线起针（参考51页），下摆编织14行配色双罗纹针，然后变为配色花样编织到肩。领子的第2行在后身片的中间减1针，深V领的前端参考65页，从第2行到第10行逐行减针，伏针收针时也编织3针并1针。袖窿的第2行在左袖窿后身片的行和留针处各减1针，在右袖窿前身片的留针和后身片行两个地方减针。配色的第5行与下摆相同，剩下4行继续第5行的配色，伏针收针编织左上2针并1针和右上2针并1针。

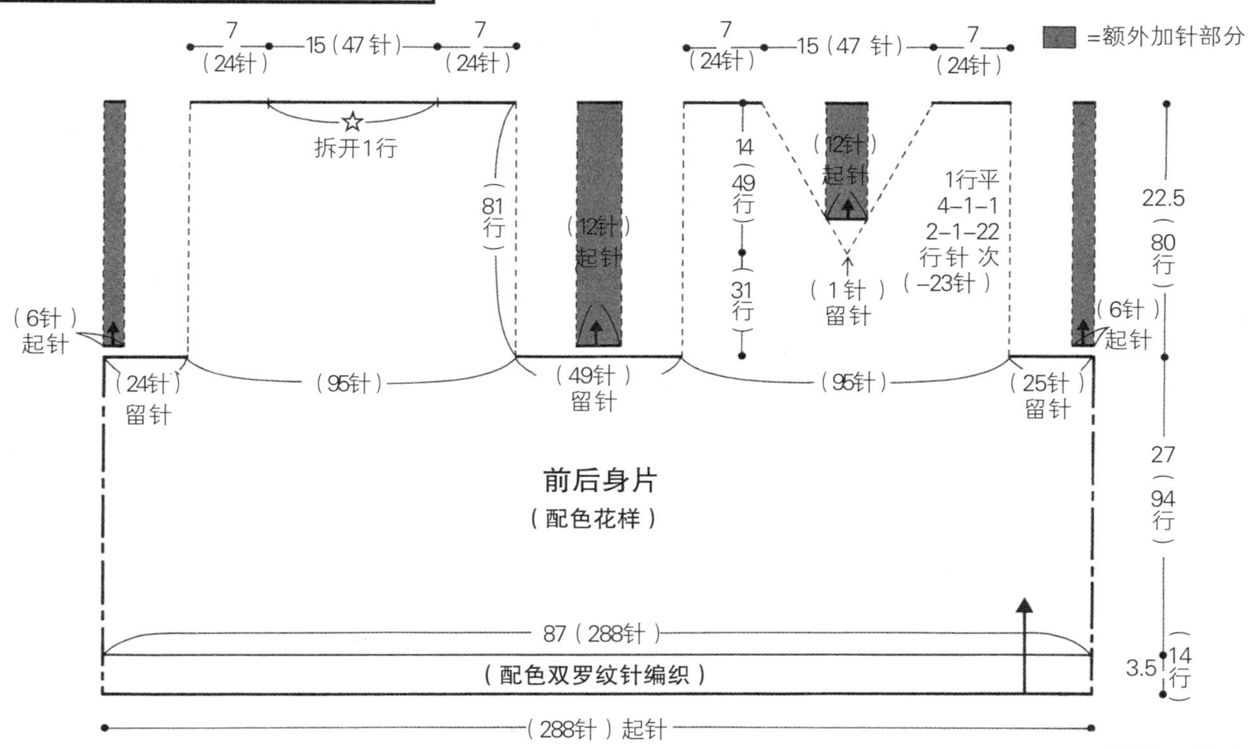

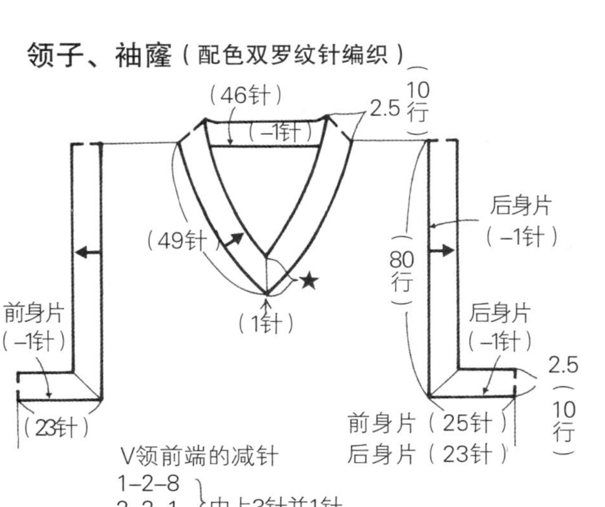

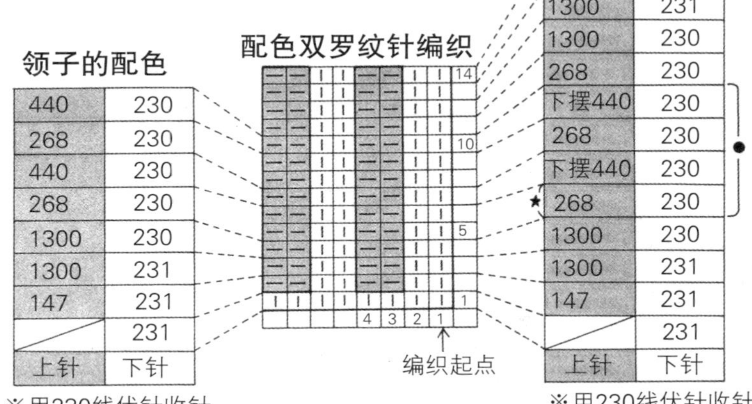

领子的配色

440	230
268	230
440	230
268	230
1300	230
1300	231
147	231
	231
上针	下针

※用230线伏针收针

下摆、袖窿的配色

147	231
1300	231
1300	230
268	230
下摆440	230
268	230
下摆440	230
★268	230
1300	230
1300	231
147	231
	231
上针	下针

※用230线伏针收针

● 袖窿的5~10行继续★的配色

配色花样

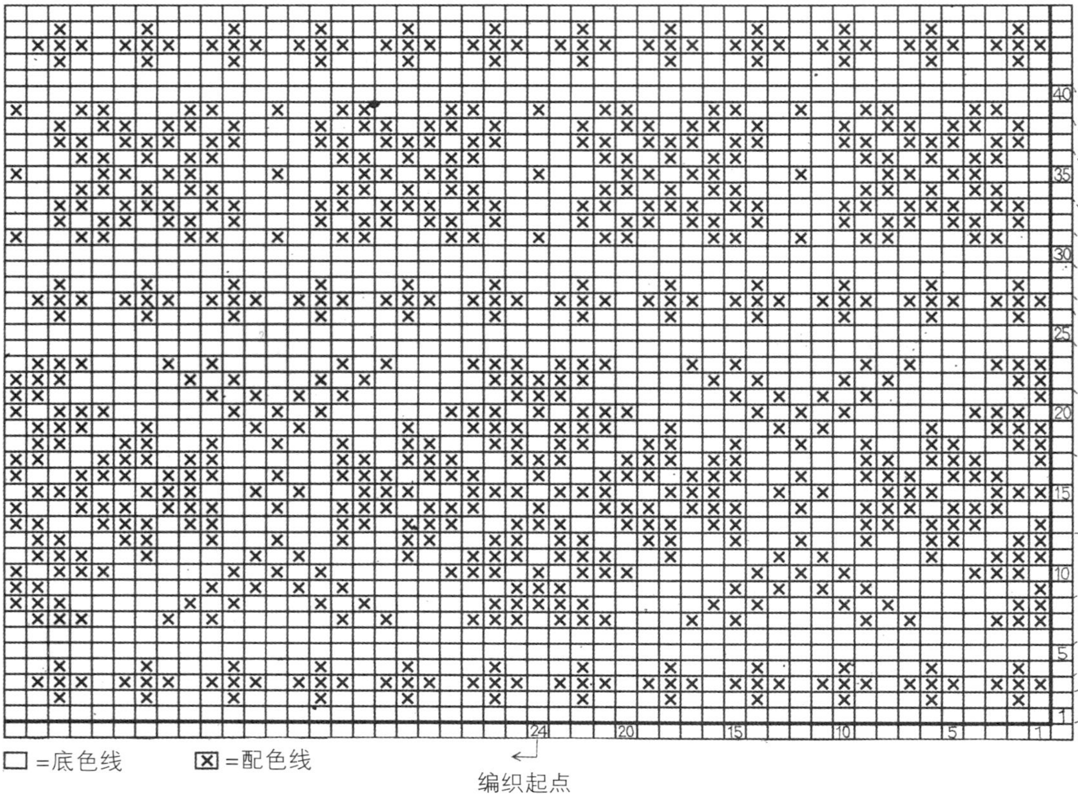

配色

底色线	配色线
440	230
268	230
268	231
268	230
440	230
268	147
268	1300
268	147
231	440
230	440
230	268
230	440
231	440
268	147
268	1300
268	147

重复40行

第1行用同色底色线编织

□ =底色线　　☒ =配色线

编织起点

接75页

配色双罗纹针编织和护耳的编织方法

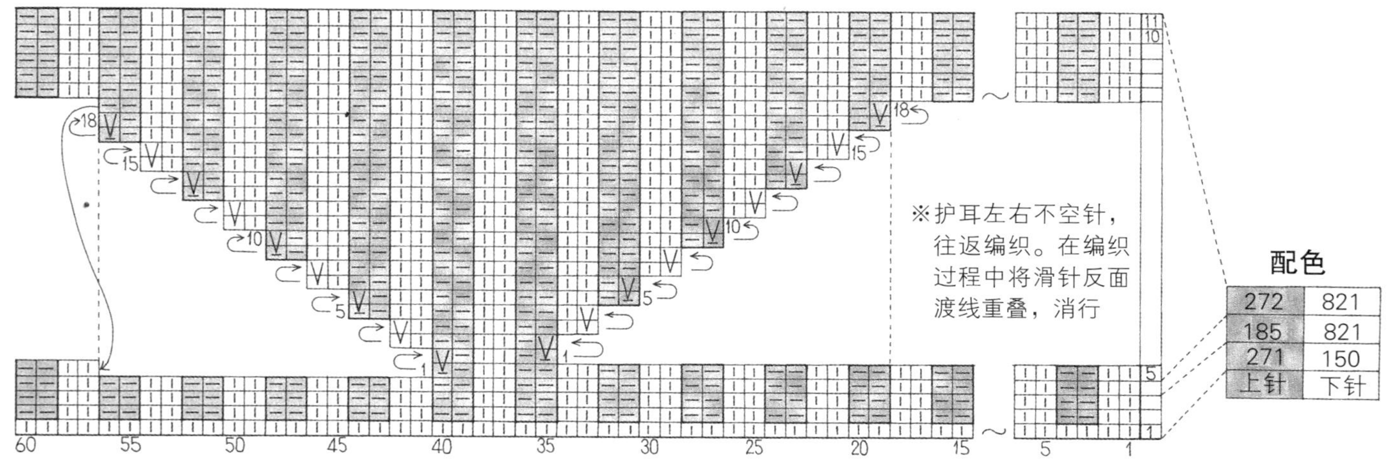

P31

线　深蓝绿色混纺线（150）、浅米黄色混纺线（183）、浅橘色混纺线（185）、深橙色混纺线（271）、灰绿色混纺线（272）、深灰绿色（821）各1团

针　环形针（40cm）4号，4号短针5根1组，钩针3/0号

完成尺寸　头围56cm，深19.5cm

密度　10cm×10cm面积内：配色花样A34针，36行

要点　手指挂线起针（参考51页），接着环形编织3行配色双罗纹针。换色，在编织到40针时开始往返编织，护耳编织平针。边往返编织，边将滑针反面的渡线合在下一针，消行。左护耳完成后继续编织，右护耳同样编织。两边和帽顶为环形编织。两边的配色花样到前面时狗牙边编织，在编织最后一色的行时只有第40行重叠。帽顶分散减针，穿过线后拉紧。

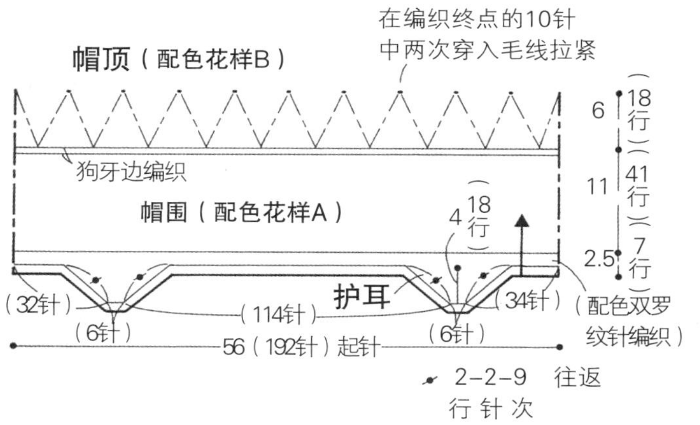

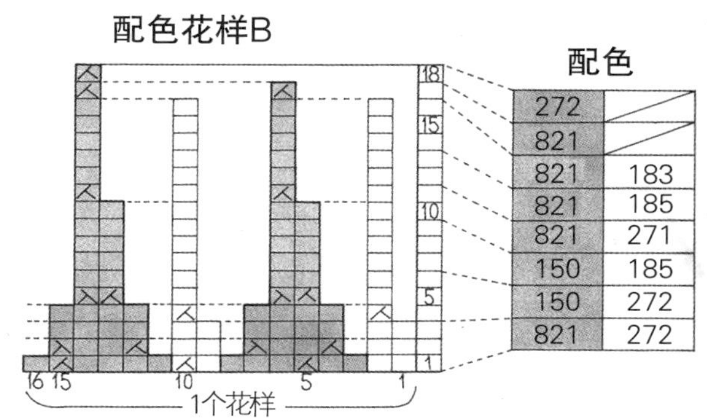

※第1行分散减针（-32针），减至160针

配色

272	／
821	／
821	183
821	185
821	271
150	185
150	272
821	272

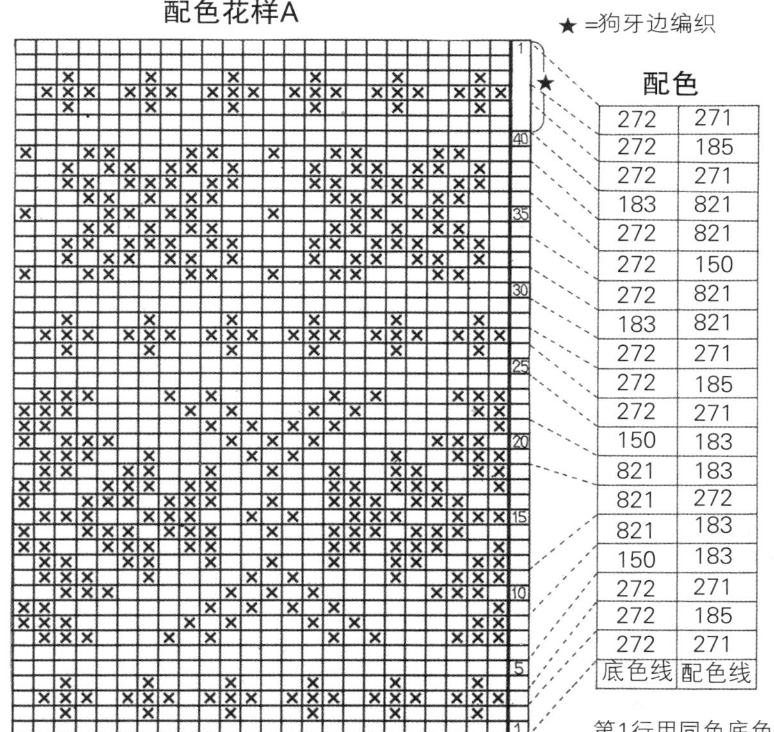

配色

272	271
272	185
272	271
183	821
272	821
272	150
272	821
183	821
272	271
272	185
272	271
150	183
821	183
821	272
821	183
150	183
272	271
272	185
272	271
底色线	配色线

第1行用同色底色线编织

狗牙边编织的方法

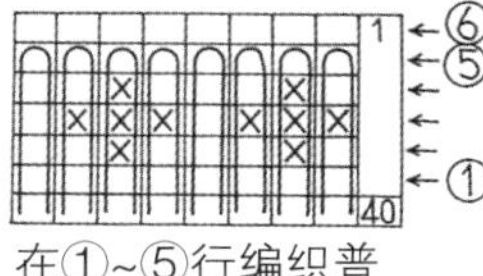

在①~⑤行编织普通配色花样
⑥行在反面将第40行编织拉针，在⑤的反面重叠编织

转74页

P34

线 白色（304）5团，灰白色（104）4团，浅米黄色混纺线（183）、浅紫粉色（547）各3团，浅灰蓝色（768）2团，浅粉色混纺线（268）1团

针 环形针（60cm）4号和3号、（40cm）4号，2号、3号、4号短针各5根1组，钩针3/0号

完成尺寸 胸围96cm，肩背宽40cm，衣长51.5cm，袖长52cm

密度 10cm×10cm面积内：配色花样32.5针，34行

要点 配色花样用4号针，编织花样用4号和3号针，领子、袖口的最终行和伏针收针使用2号针，全部环形编织。手指挂线起针，从下摆开始编织。配色编织和花样编织重复2次。胸围肋线处立织下针，两侧横渡线左右对称扭针加针。袖口最终行每针之间织空加针，呈现狗牙边状，用104线伏针收针。领子的边角第2~9行像背心袖窿一样，通过编织左上2针并1针和右上2针并1针减针，从第10行开始没有加减针。

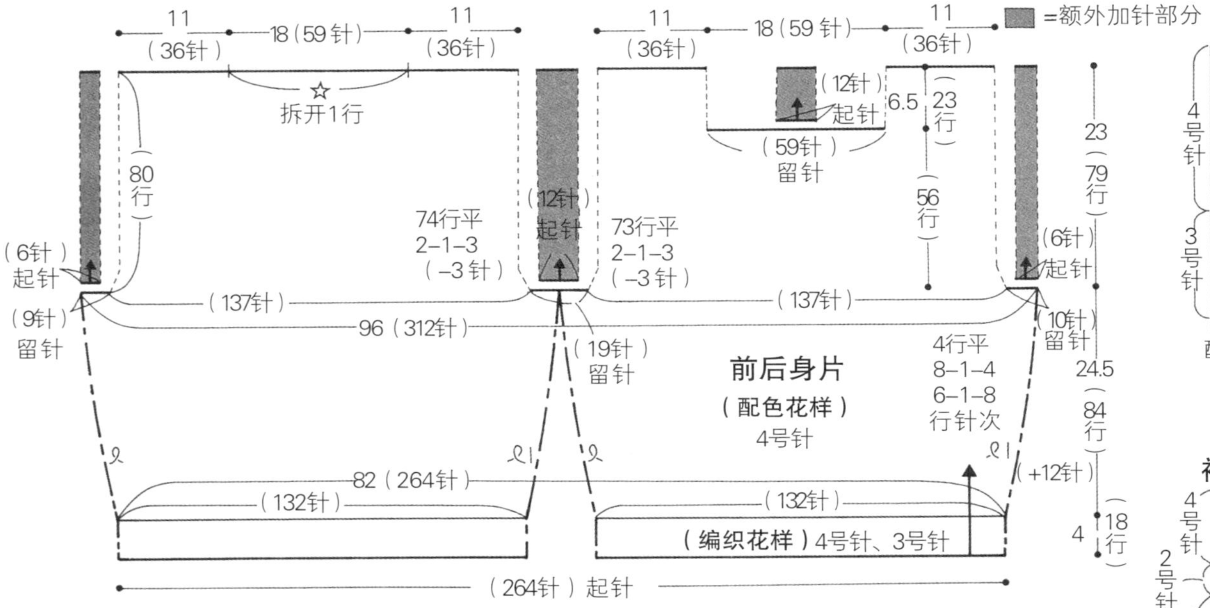

■=额外加针部分

前后身片

（配色花样）

4号针

11（36针） 18（59针） 11（36针） 拆开1行 80行 74行平 2-1-3（-3针） 73行平 2-1-3（-3针） （12针）起针 （6针）起针 （9针）留针 （137针） 96（312针） （19针）留针 （59针）留针 （12针）起针 6.5 23行 56行 23（79行） （10针）留针 4行平 8-1-4 6-1-8 行针次 24.5（84行） 82（264针） （132针） （+12针） （编织花样）4号针、3号针 4（18行） （264针）起针

下摆的编织花样

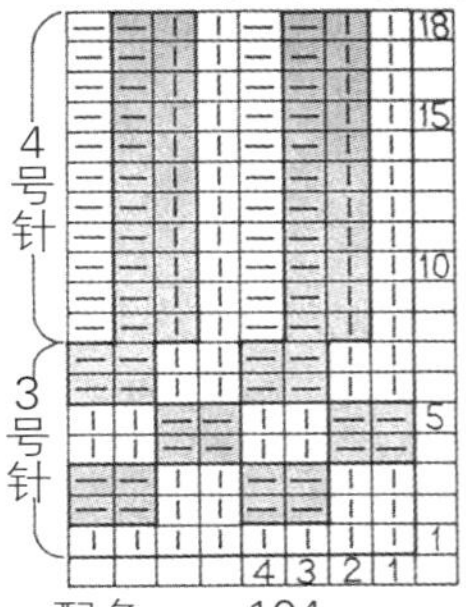

4号针 3号针 配色 □=104 ■=304

袖口的花样编织

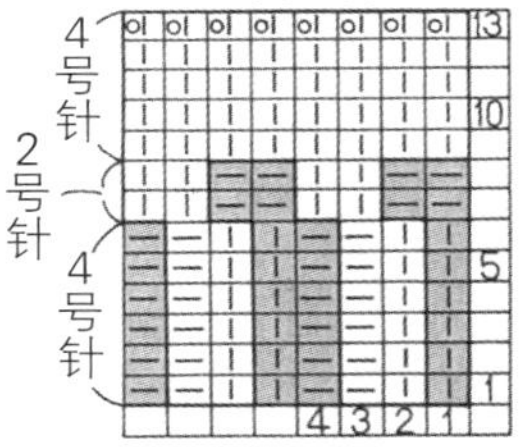

4号针 2号针 4号针 配色 □=104 ■=304

领子的编织花样

4号针 3号针 ⑬ ⑩ ⑤ ① 1个花样 编织起点 右肩

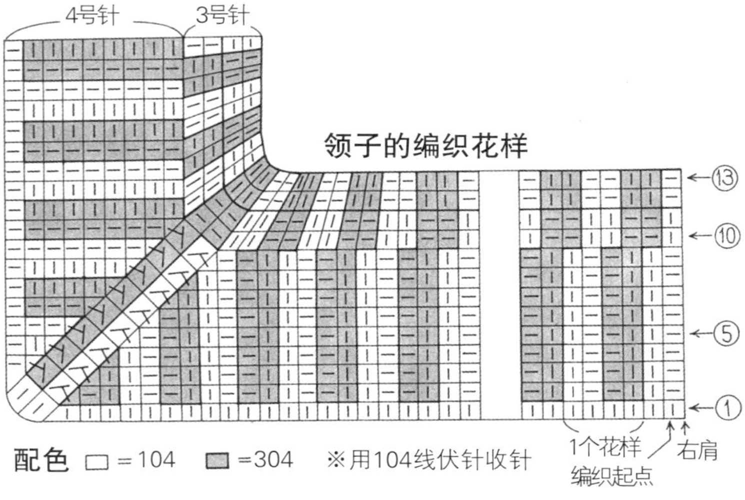

配色 □=104 ■=304 ※用104线伏针收针

领子（编织花样）

4号针、3号针

（60针） 3.5（13行） （+1针） （22针） （22针） （-1针） （-1针） （60针） •=减8针 4行平 1-1-7 2-1-1 行针次

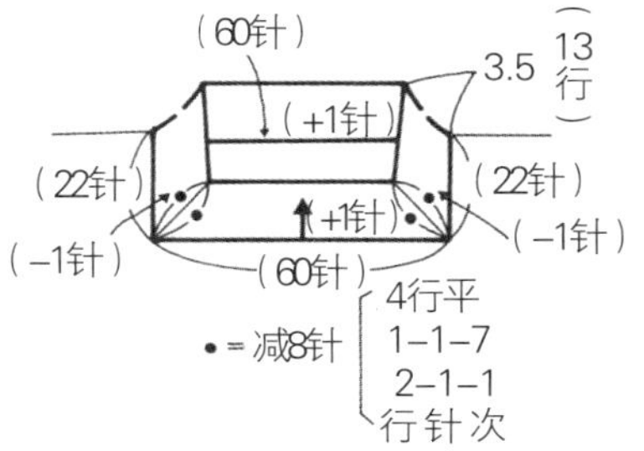

配色花样

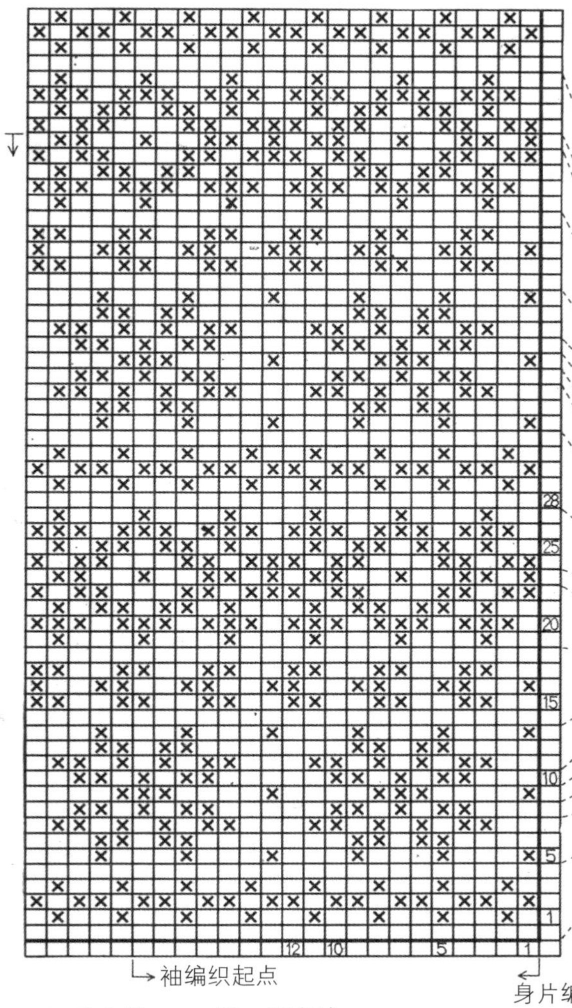

配色

底色线	配色线
183	304
547	304
183	304
768	104
547	304
183	304
268	304
183	304
547	304
104	768
304	183
304	547
304	183
104	768
304	547
304	183
304	268
304	183
304	547
104	768

重复56行

第1行用同色底色线编织

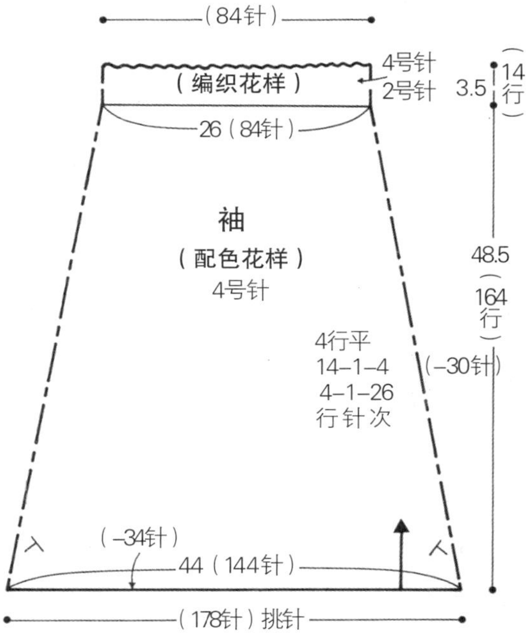

接84页

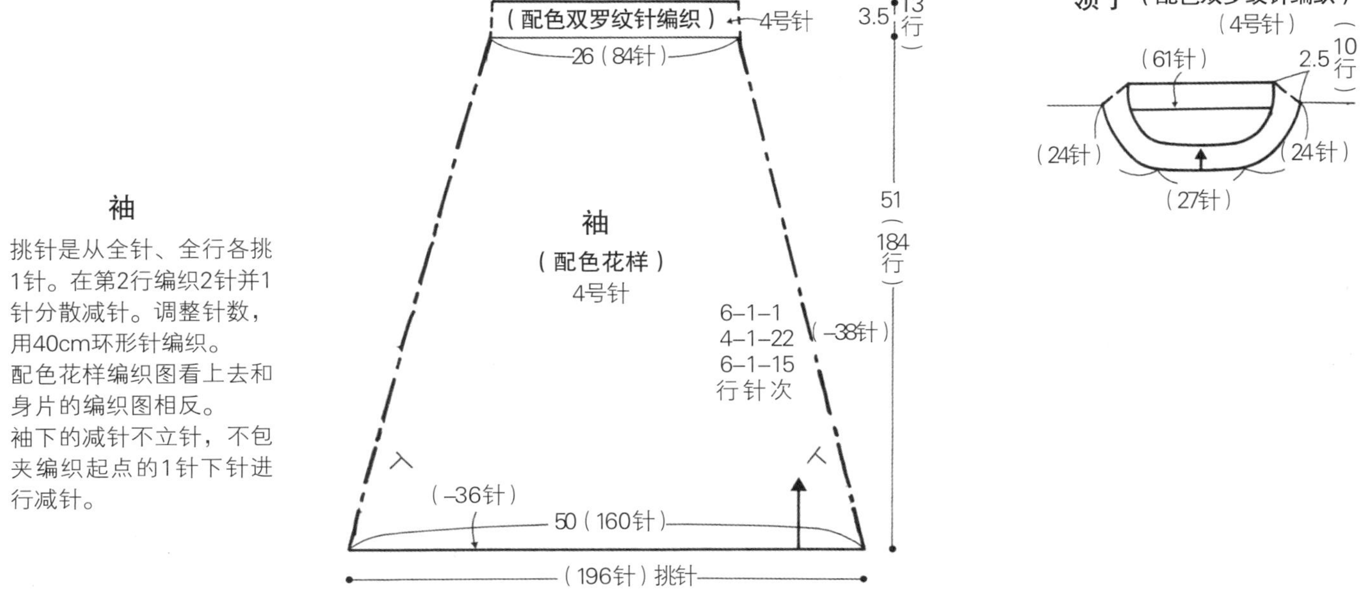

袖

挑针是从全针、全行各挑1针。在第2行编织2针并1针分散减针。调整针数，用40cm环形针编织。

配色花样编织图看上去和身片的编织图相反。

袖下的减针不立针，不包夹编织起点的1针下针进行减针。

P36

线 黑色（999）5团，浅灰色与茶色混纺线（119）2团，浅灰色与黄色混纺线（140）、浅紫色混纺线（180）、浅米黄色混纺线（183）、浅粉色混纺线（268）、黄色（400）、紫色（600）、浅灰蓝色（768）各1团

针 环形针（60cm）4号、（40cm）4号，4号短针5根1组，钩针3/0号

完成尺寸 胸围89cm，肩背宽35cm，衣长51.5cm

密度 10cm×10cm面积内：配色花样32.5针，34行

要点 领子、袖窿的最终行和伏针收针使用2号针，其他的都用4号针环形编织。肩用钩针引拔钉缝（参考54页）。配色双罗纹针的同色位置为下针、上针的组合。V领前端编织中上3针并1针减针（参考55页）。请注意前身片中心开始前面的配色，下针与上针的顺序相反。袖窿的边角编织左上2针并1针和右上2针并1针的组合减针（参考53页），颜色按照追色的顺序变更，两处边角同样编织（参考56页）。

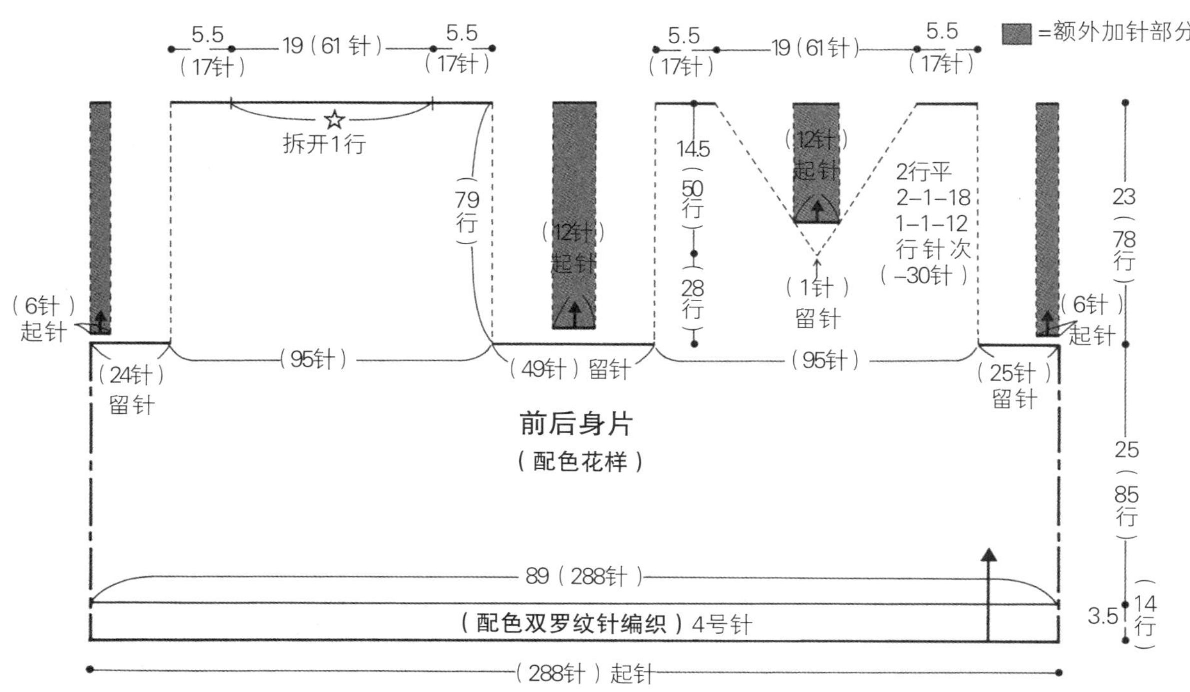

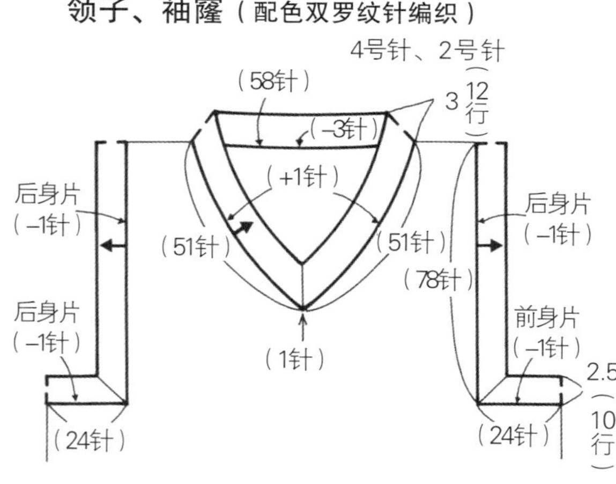

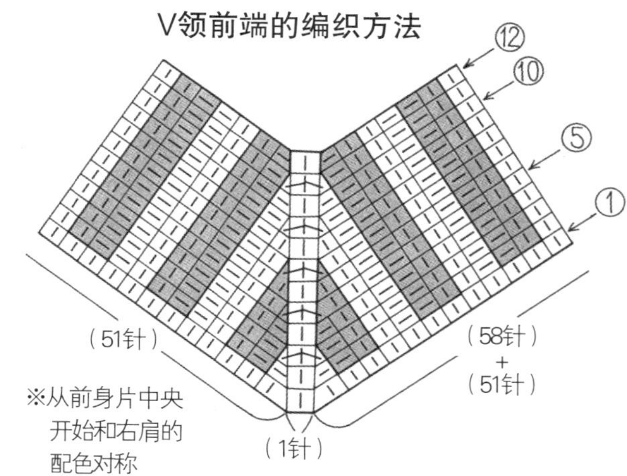

配色花样

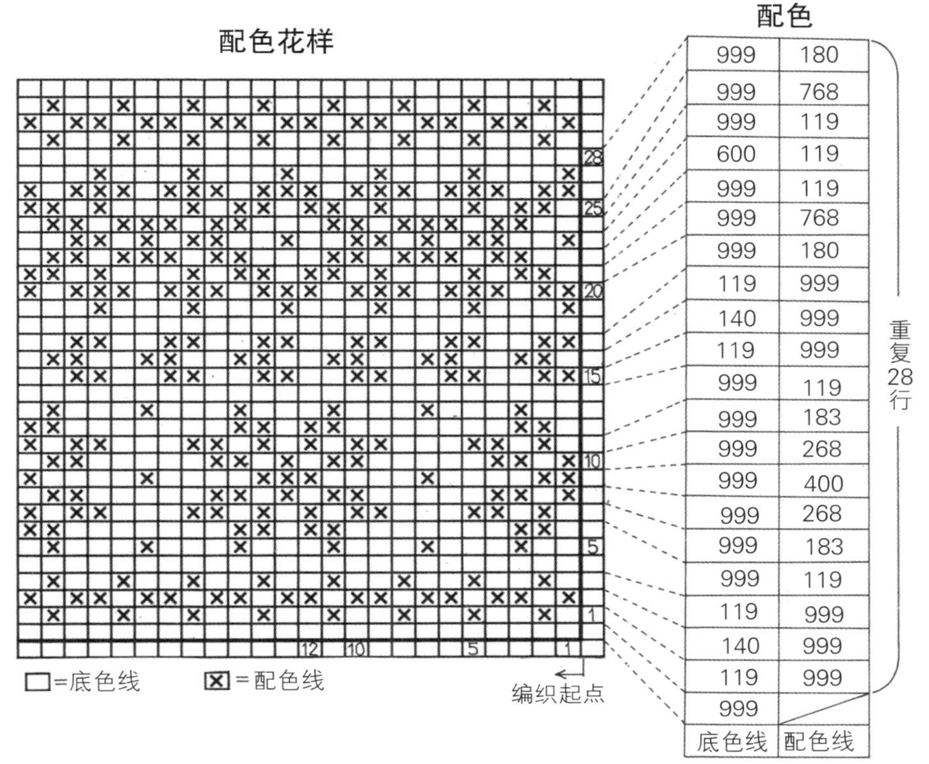

配色

底色线	配色线
999	180
999	768
999	119
600	119
999	119
999	768
999	180
119	999
140	999
119	999
999	119
999	183
999	268
999	400
999	268
999	183
999	119
119	999
140	999
119	999
999	

第1行用同色底色线编织

配色双罗纹针编织

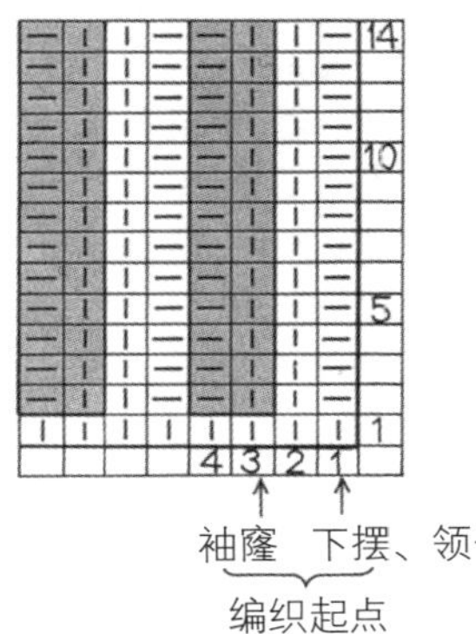

配色

下摆	色号	
13、14	180	999
12	768	999
5~11	119	999
4	183	999
2、3	268	999
起针		999
行		

袖窿边角的编织方法

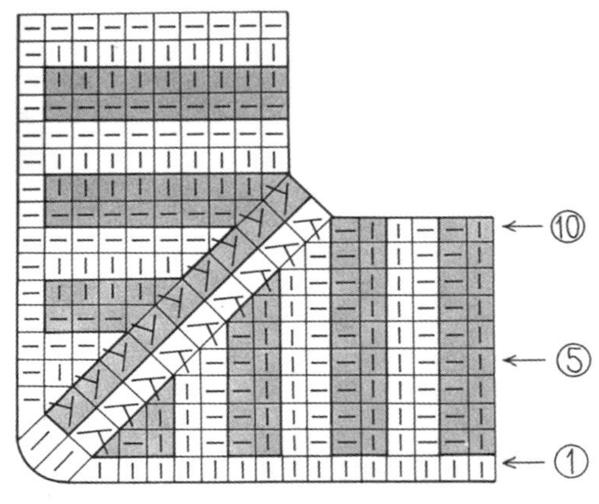

配色

领子	色号		袖窿
12	180	999	10
11	768	999	9
4~10	119	999	4~8
3	183	999	3
2	268	999	3
挑针		999	挑针
行			行

※用999线伏针收针

P38

线 灰色混纺线11团，灰米色、紫色混纺线、浅橙色与绿色混纺线、粉黄色混纺线、深粉色混纺线、浅黄色混纺线（A~F）各1团

针 环形针（60cm）4号、2号和1号，（40cm）4号和2号，1号、2号、4号短针各5根1组，钩针3/0号

完成尺寸 胸围98cm，衣长62.5cm，袖长52cm，连肩袖长69cm

密度 10cm×10cm面积内：编织下针27针，42行；配色编织花样27针，34行

要点 配色花样编织用4号针，下针编织用2号针，双罗纹针编织用1号针。身片从下摆开始，袖子从袖口开始编织，肋长和袖长环形编织后剪断线。在身片的两腋、袖下分别留20针，在袖中心接线处挑针编织育克的针目。这个时候的起点是右袖中心。分散减针编织育克，往返编织将后面编织得长一些。肋与袖下的留针用下针连接。领子从前身片中心挑针开始编织，结束时再一次从中心挑针。

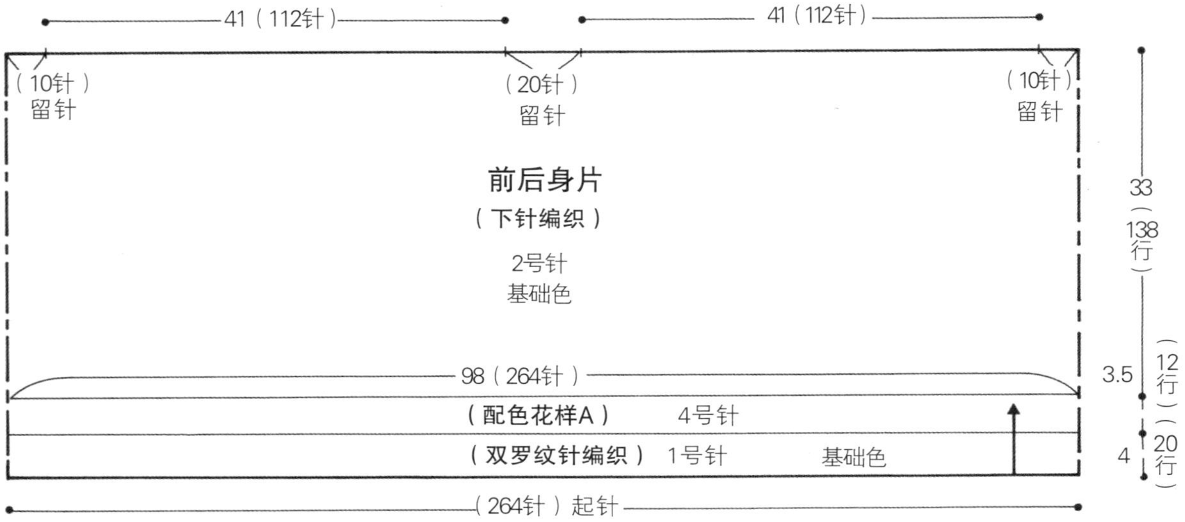

41（112针） 41（112针）
（10针）留针 （20针）留针 （10针）留针

前后身片
（下针编织）
2号针
基础色

33（138行）
98（264针）
3.5（12行）
（配色花样A） 4号针
（双罗纹针编织） 1号针 基础色
4（20行）
（264针）起针

☆ 基础色=灰色混纺线

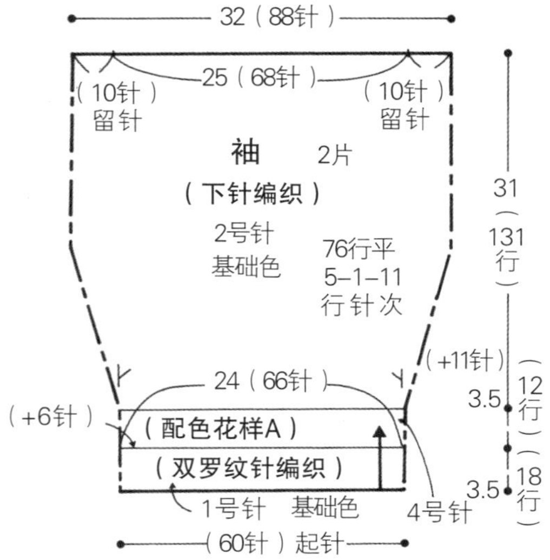

32（88针）
25（68针）
（10针）留针 （10针）留针

袖 2片
（下针编织）
2号针
基础色
76行平
5-1-11
行针次

31（131行）
（+11针）
24（66针）
（+6针）
（配色花样A）
3.5（12行）
（双罗纹针编织）
3.5（18行）
1号针 基础色 4号针
（60针）起针

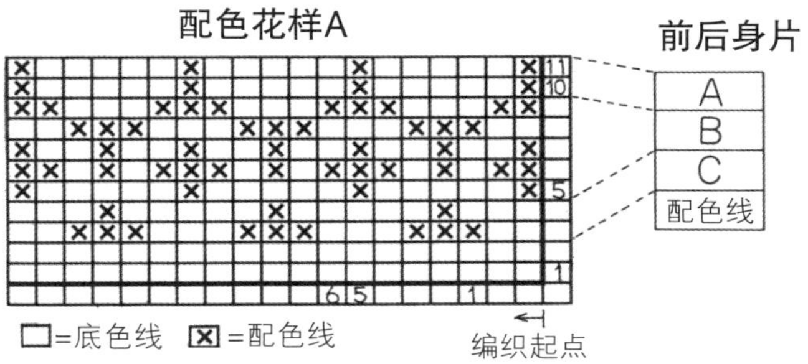

配色花样A

（图表：11行，编织起点在右下；行号1、5、10、11；针号1、5、6）

□=底色线 ☒=配色线
编织起点

前后身片
A
B
C
配色线

A: 灰米色
B: 浅黄色混纺线
C: 浅橙色与绿色混纺线

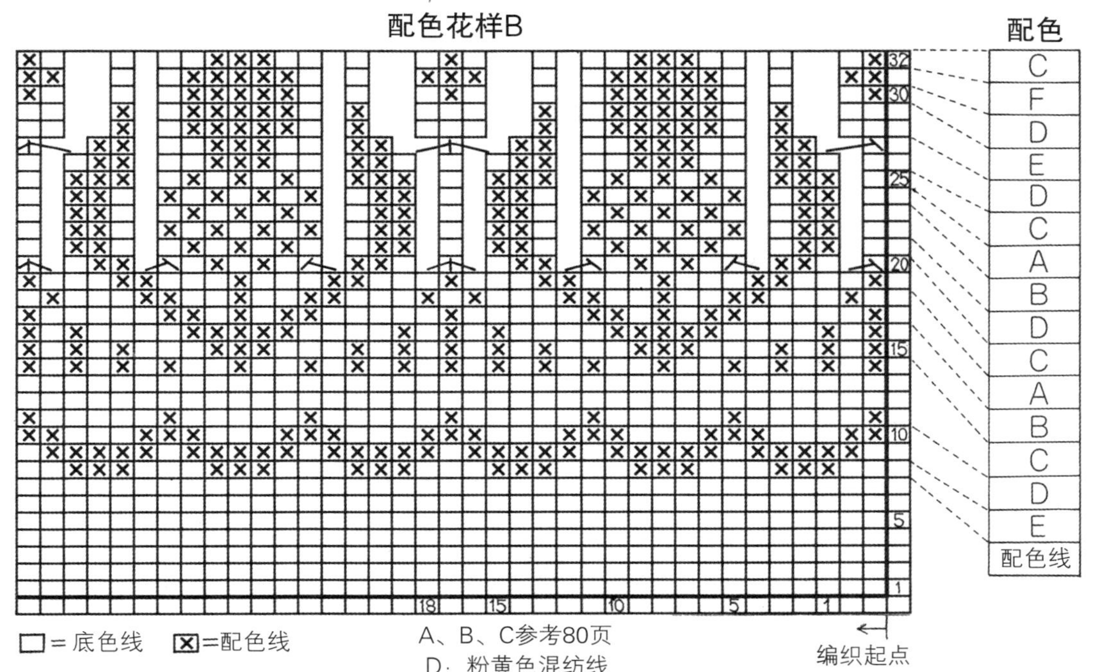

配色花样B
配色
C
F
D
E
D
C
A
B
D
C
A
B
C
D
E
配色线
32
30
25
20
15
10
5
1
18
15
10
5
1
□=底色线 ⊠=配色线
A、B、C参考80页
D：粉黄色混纺线
E：紫色混纺线
F：深粉色混纺线
编织起点

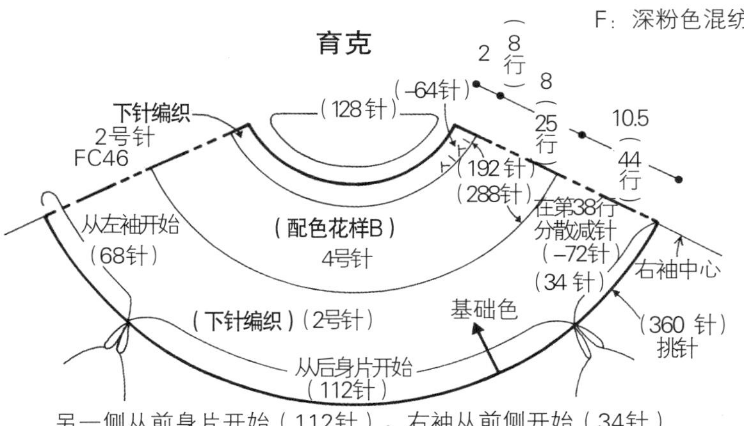

育克
下针编织
2号针
FC46
(128针)
(-64针)
2 (8行)
8 (25行)
10.5 (44行)
(192针)
(288针)
在第38行分散减针
(-72针)
(配色花样B)
4号针
从左袖开始
(68针)
(34针)
右袖中心
(下针编织)(2号针)
基础色
(360针)挑针
从后身片开始
(112针)
另一侧从前身片开始(112针)，右袖从前侧开始(34针)

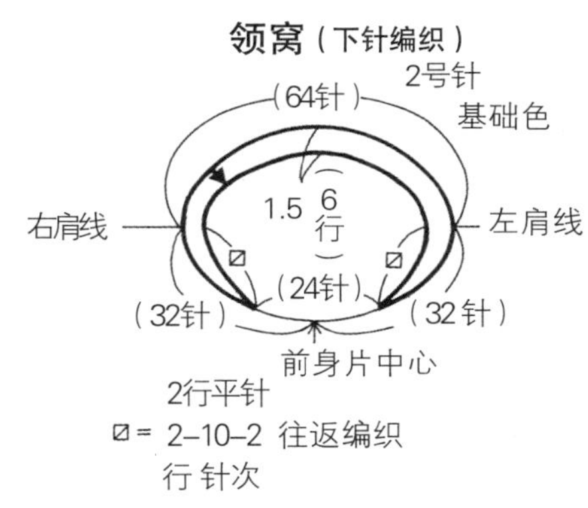

领窝(下针编织)
2号针
基础色
(64针)
1.5 (6行)
右肩线
左肩线
(24针)
(32针)
(32针)
前身片中心
2行平针
⊠=2-10-2 往返编织
行 针次

组合方法
折返边
接缝

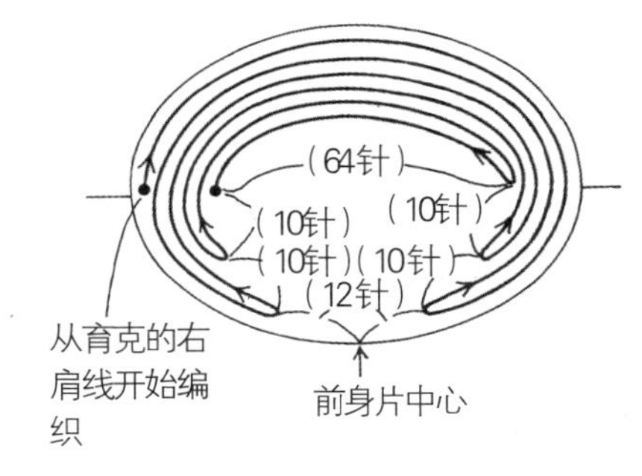

领窝的编织方法
(64针)
(10针)
(10针)
(10针)
(10针)
(12针)
从育克的右肩线开始编织
前身片中心

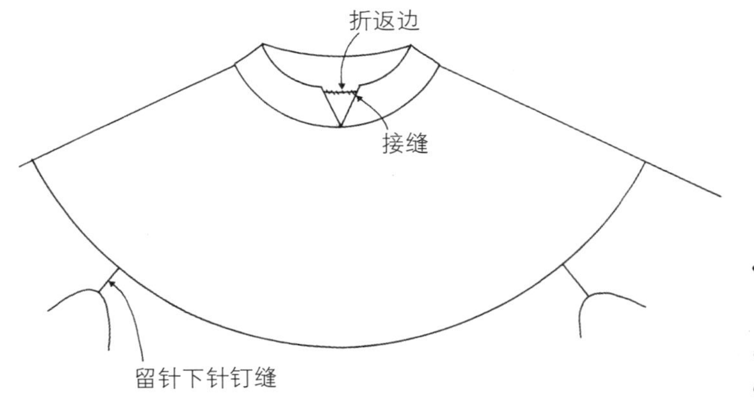

留针下针钉缝

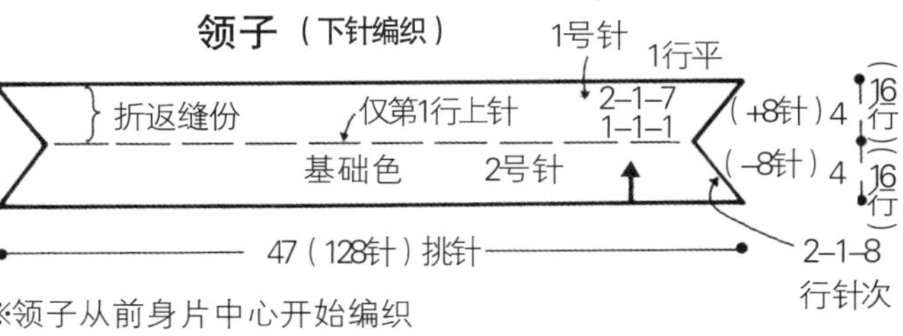

领子(下针编织)
1号针
1行平
2-1-7
1-1-1
折返缝份
仅第1行上针
(+8针) 4 (16行)
(-8针) 4 (16行)
基础色
2号针
47(128针)挑针
2-1-8
行针次
※领子从前身片中心开始编织

“OXO”图案和边饰图案的配色花样

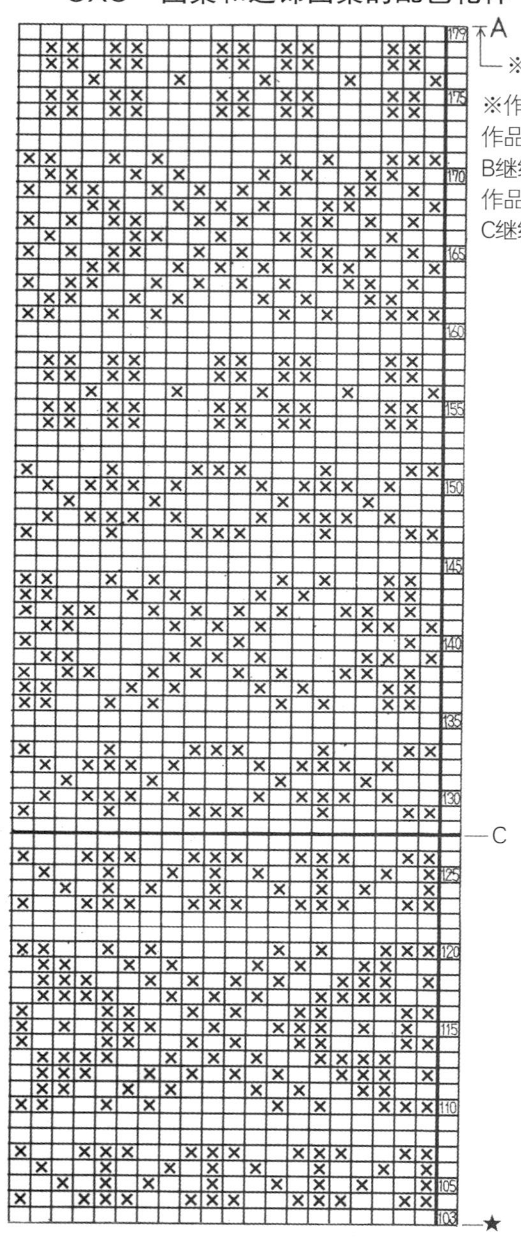

※作品“思乡”、作品“黎明”接着B继续
作品“石围”接着C继续

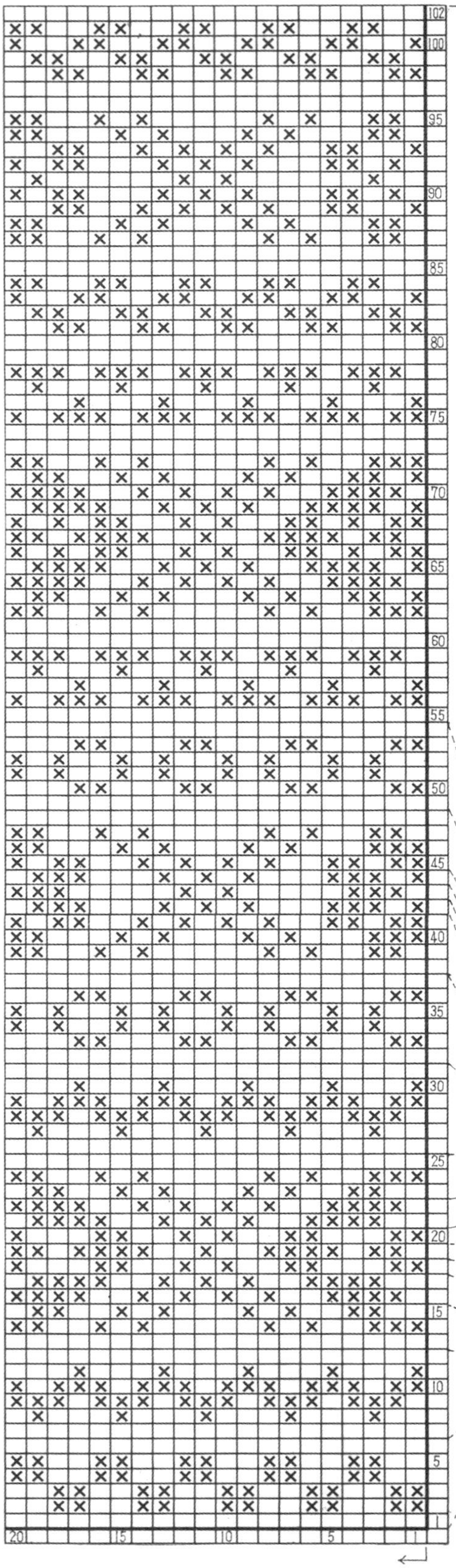

★处继续

身片编织起点

□=底色线　☒=配色线

第1行用同色底色线编织

“石围”的配色

底色线	配色线
134	115
111	1260
111	587
111	198
111	587
111	1260
134	115
144	110
112	198
112	587
111	578
111	1260
111	578
112	587
112	198
144	110
134	115

重复48行

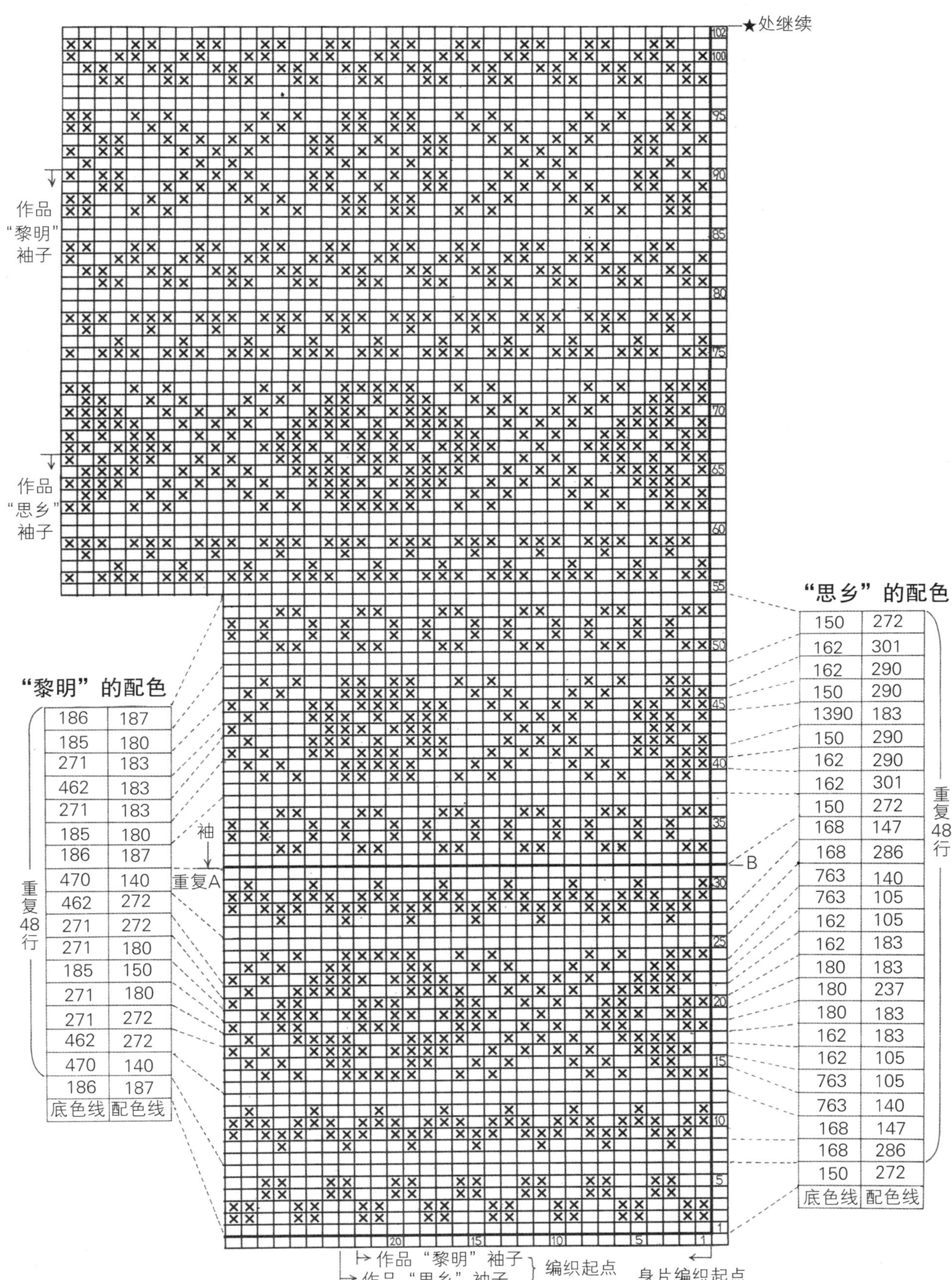

“黎明”的配色

底色线	配色线
186	187
185	180
271	183
462	183
271	183
185	180
186	187
470	140
462	272
271	272
271	180
185	150
271	180
271	272
462	272
470	140
186	187

重复48行

“思乡”的配色

底色线	配色线
150	272
162	301
162	290
150	290
1390	183
150	290
162	290
162	301
150	272
168	147
168	286
763	140
763	105
162	105
162	183
180	183
180	237
180	183
162	183
162	105
763	105
763	140
168	147
168	286
150	272

重复48行

P42

线　深蓝色混纺线（150）4团，灰色与蓝色混纺线（162）、蓝色混纺线（168）、浅米色混纺线（183）各3团，米色（105）、黄色与橄榄绿色混纺线（147）、浅紫色混纺线（180）、灰绿色混纺线（272）、粉色米色混纺线（290）、鱼肉粉色混纺线（301）、蓝绿色混纺线（763）、浅蓝灰色混纺线（1390）各2团，浅灰色与黄色混纺线（140）、橘色与茶色混纺线（237）、亮绿色混纺线（286）各1团

针　环形针（60cm）4号、（40cm）4号，4号短针5根1组，钩针3/0号

完成尺寸　胸围100cm，肩背宽40cm，衣长62cm，袖长54.5cm

密度　10cm×10cm面积内：配色花样32针，36行

要点　配色编织花样参考82和83页。花样一点一点变化，几乎没有重复。编织到图案A位置（第179行）后，回到图案B位置继续编织。袖子的花样与身片的花样向相反方向编织。

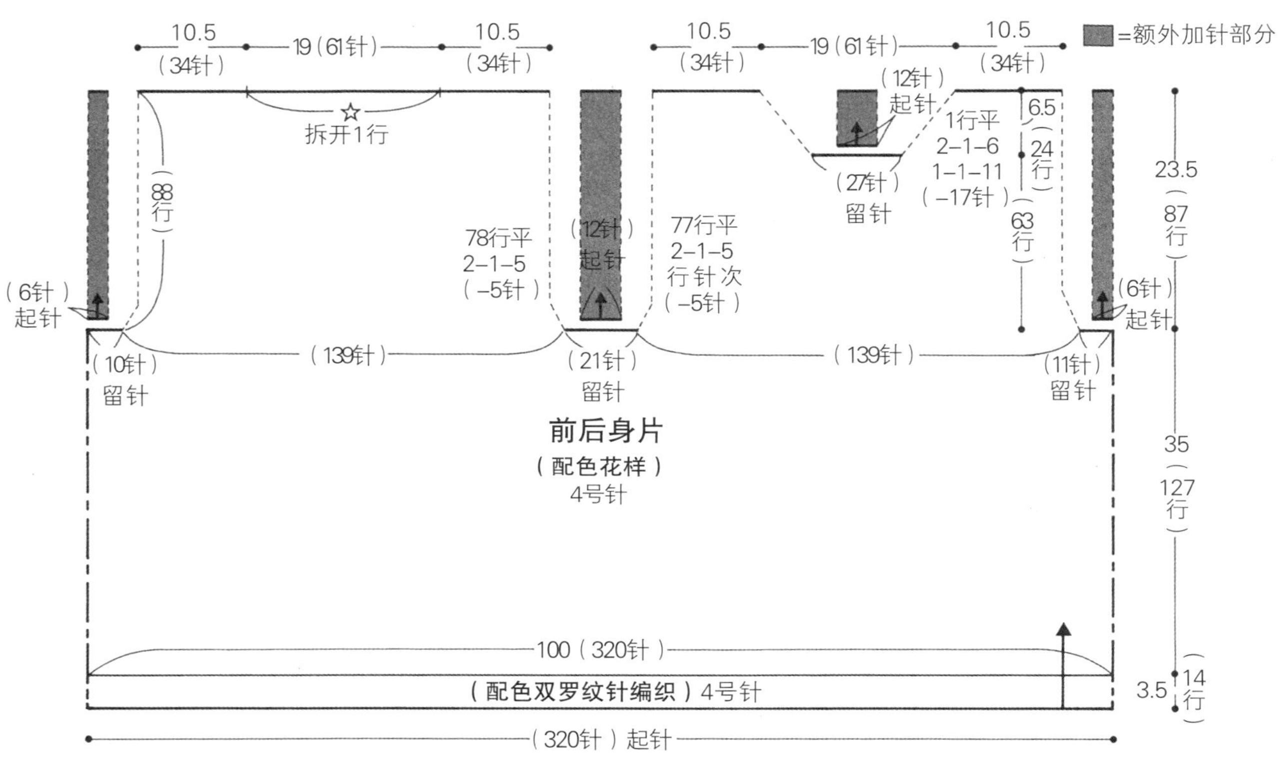

配色双罗纹针编织

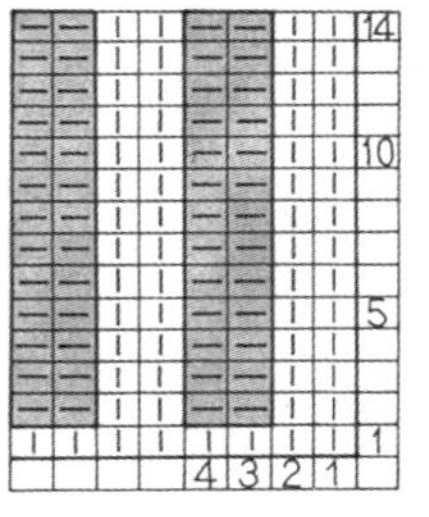

下摆、袖窿的配色

领子	色号		袖窿
13、14	183	150	1、2
12	183	168	3
11	180	162	4
10	180	168	5
9	180	162	6
8	180	168	7
7	140	162	8
6	140	168	9
4、5	1390	150	10、11
2、3	237	150	12、13
起针		150	
行	上针	下针	行

※袖口从上向下看，
用150线伏针收针

领子的配色

10	237	150
9	180	168
8	180	763
7	140	150
6	180	763
5	180	150
4	140	168
3	180	763
2	180	150
挑针		150
行	上针	下针

※用150线伏针收针

配色花样参考82和83页的作品“思乡”的配色

转77页

线　深浅灰色捻线（111）3团，褐色与浅灰色捻线（110）、灰色和灰白色捻线（112）、灰色和浅茶色捻线（115）、天蓝色混纺线（134）、绿色混纺线（144）、红褐色（587）各2团，深胭脂红色混纺线（198）、深橙色（578）、紫红色混纺线（1260）各1团

针　环形针（60cm、40cm）4号、3号、2号，4号短针5根1组，钩针3/0号

完成尺寸　胸围96cm，肩背宽42cm，衣长57cm

密度　10cm×10cm面积内：配色花样33针，37行

要点　配色花样使用4号针，下摆、袖窿的编织花样主要使用3号针，在指定的行换成2号针。领子、袖窿的最终行和伏针收针也用2号针。配色花样参考82页。因为花样一点一点变化，所以几乎没有重复的地方。编织到图案A位置（第179行）后回到图案C位置继续编织。领子的第2行，在后身片1针、左右前领窝分别在中间减1针。V领中心也编织3针并1针伏针收针。

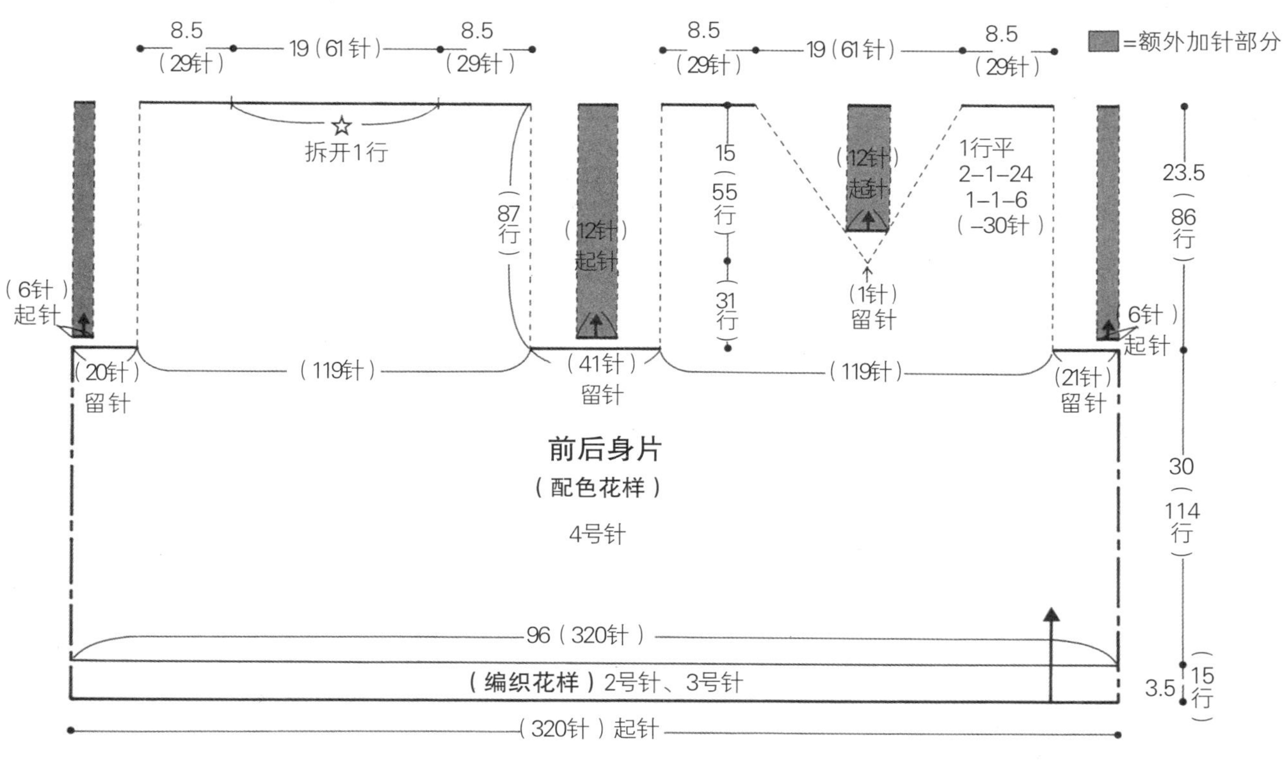

配色编织花样参考82页作品"石围"的配色

下摆的花样编织

15
10
5
1
4 3 2 1

配色

配色	
1260	115
587	115
587	111
198	111
110	144
134	110
111	144
	111

※1~5行用2号针，6~15行用3号针

领子、袖窿

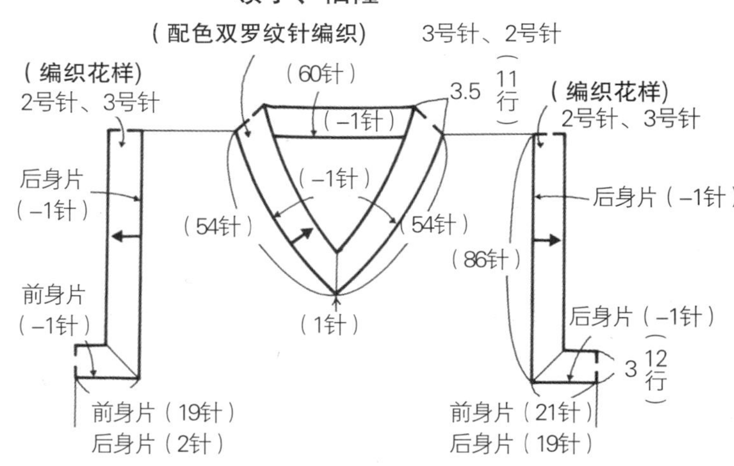

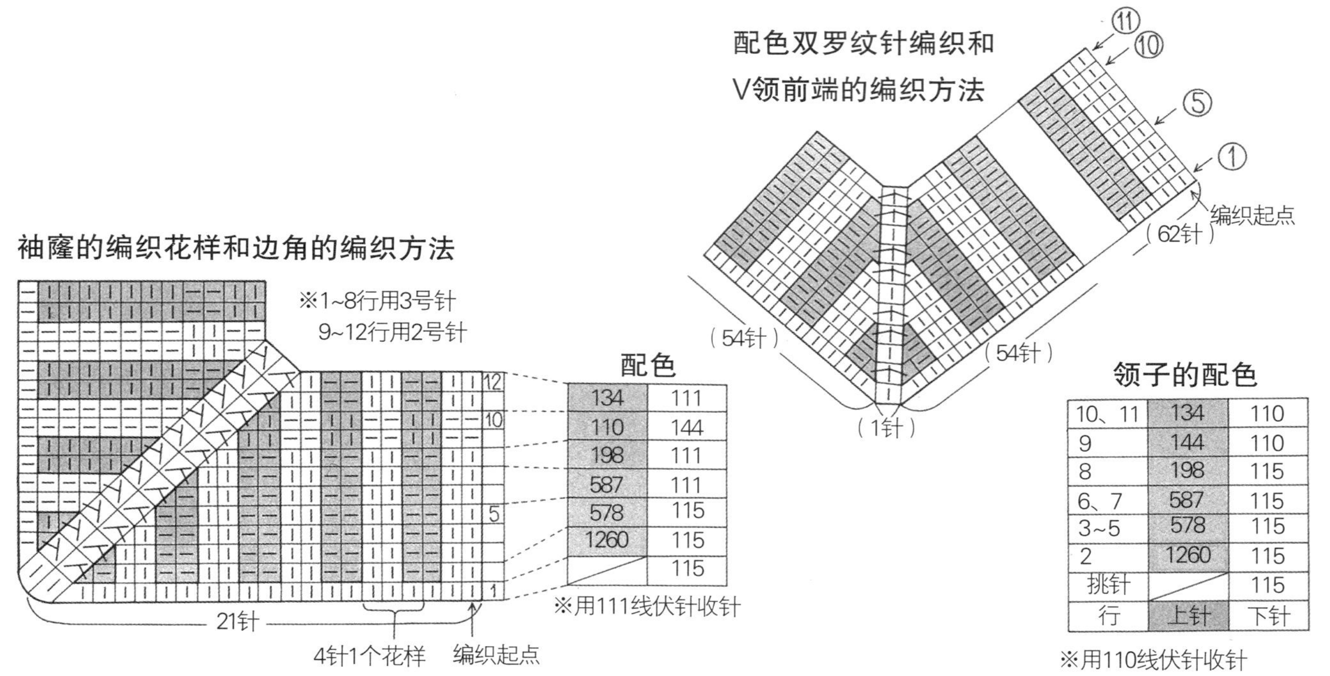

行	上针	下针
10、11	134	110
9	144	110
8	198	115
6、7	587	115
3~5	578	115
2	1260	115
挑针		115

※用110线伏针收针

接87页

配色花样参考82和83页的编织图和配色编织

袖口外侧的配色

行	上针	下针
15~18	187	150
12~14	462	150
10、11	470	150
5~9	271	150
1~4	185	150

※用150线伏针收针

袖口内侧的配色

行	上针	下针
19~21		150
10~18	186	150
6~9	271	150
2~5	185	150
挑针		150

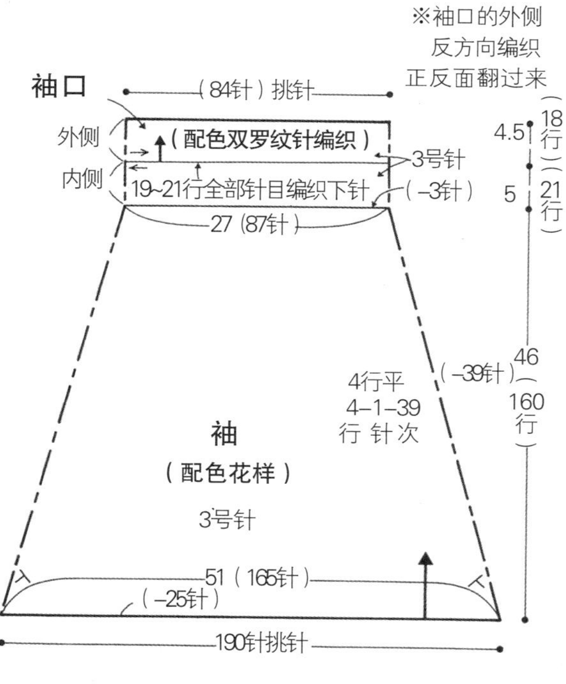

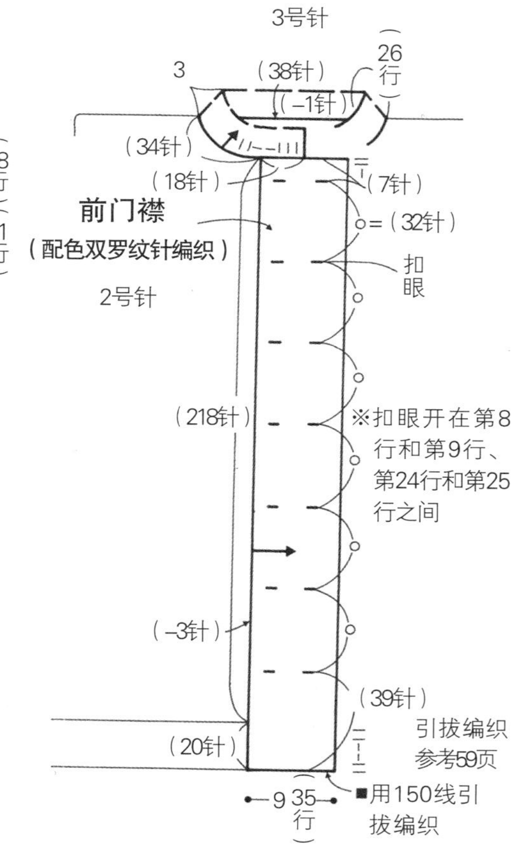

P46

线 深蓝色混纺线(150)4团，浅橘色混纺线(185)、浅胭脂红色混纺线(186)、灰绿色混纺线(272)、深红色(462)、橙色(470)各3团，浅灰色与黄色混纺线(140)、浅紫色混纺线(180)、浅米黄色混纺线(183)、胭脂红色混纺线(187)、红色混纺线(271)各2团

扣子 14颗

完成尺寸 胸围97cm，肩背宽37cm，衣长73cm，袖长51cm

密度 环形针(60cm)2号和3号、(40cm)3号，2号、3号短针5根1组，钩针3/0号

密度 10cm×10cm面积内：配色花样32针，35行

要点 在编织配色花样第1行时，将下摆配色双罗纹针的起针行在反面对折，拉出线编织下针。配色花样编织参考82和83页。袖口内侧到18行用配色双罗纹针编织，剩下3行用下针编织。领子编织结束时折返放置的留针缝在领窝上。扣眼用187线缭缝。

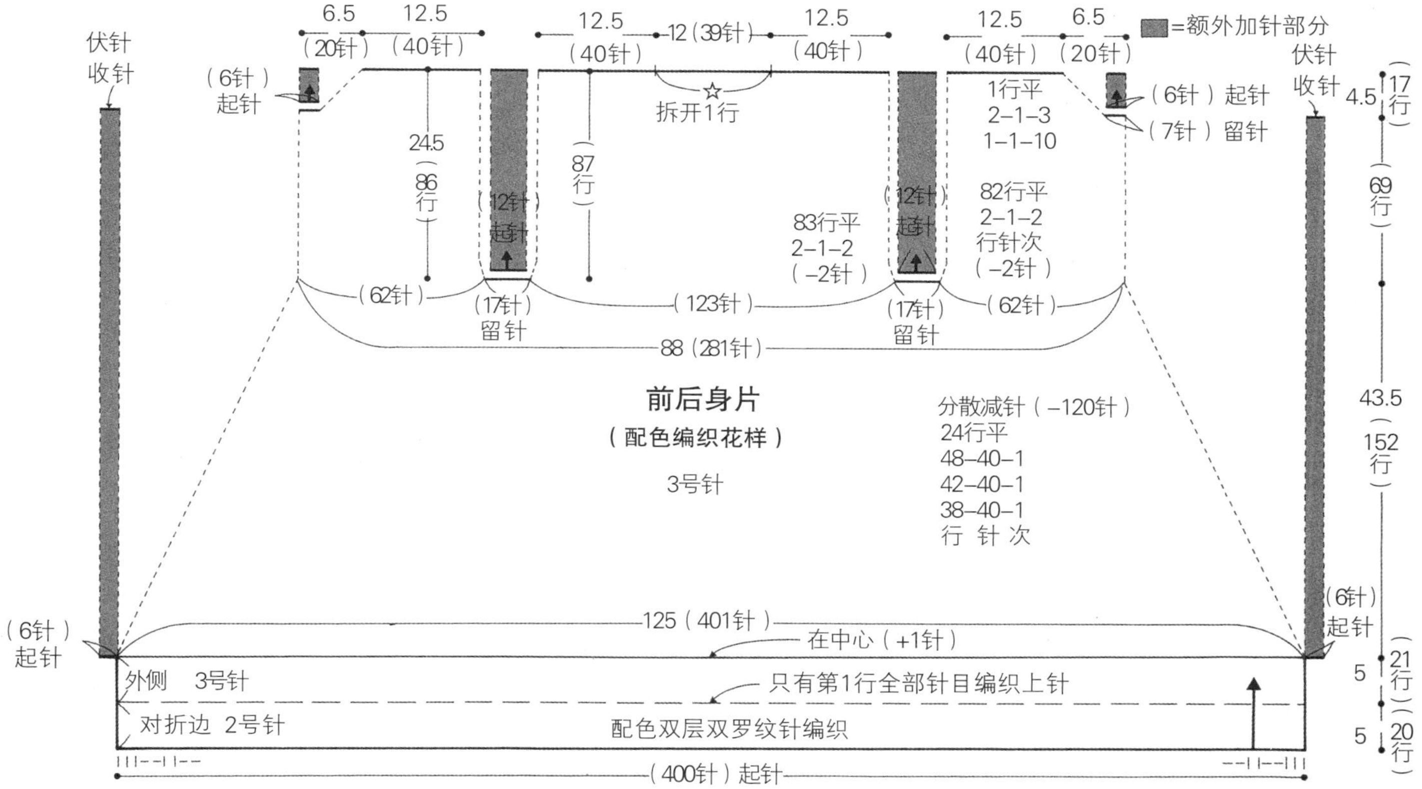

6.5 (20针) 12.5 (40针) 12.5 (40针) 12(39针) 12.5 (40针) 12.5 (40针) 6.5 (20针)

▇=额外加针部分

伏针收针 (6针)起针 (7针)留针

拆开1行 ☆

1行平 2-1-3 1-1-10

24.5 (86行) 87行 (12针)起针 83行平 2-1-2 行针次 (-2针) 82行平 2-1-2 行针次 (-2针)

4.5 (17行) (69行)

(62针) (17针)留针 (123针) (17针)留针 (62针)

88 (281针)

前后身片

(配色编织花样)

3号针

分散减针(-120针)
24行平
48-40-1
42-40-1
38-40-1
行 针 次

43.5 (152行)

125 (401针)

在中心(+1针)

(6针)起针

外侧 3号针

只有第1行全部针目编织上针

对折边 2号针

配色双层双罗纹针编织

5 (21行) 5 (20行)

(400针)起针

分散减针的编织方法

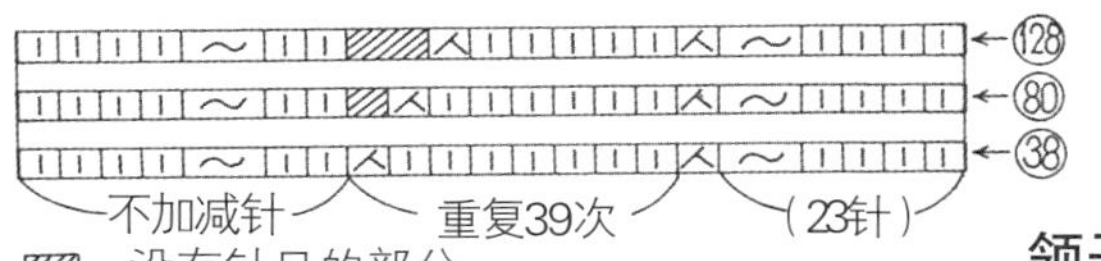

▨=没有针目的部分

配色双罗纹针编织

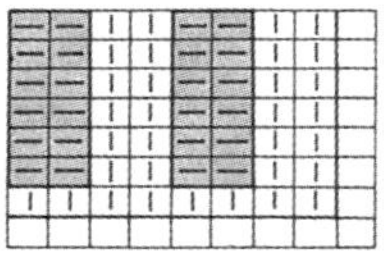

领子的配色

行	上针	下针
25、26	271	150
22~24	185	150
14~21	186	150
13	180	150
12	187	150
11	462	150
2~10	187	150
挑针		150

下摆的配色

行	上针	下针	
20、21	180	150	外侧
19	183	150	外侧
15~18	185	150	外侧
10~14	271	150	外侧
8、9	470	150	外侧
5~7	462	150	外侧
2~4	187	150	外侧
1	150		外侧
15~20	186	150	对折边
11~14	271	150	对折边
7~10	185	150	对折边
4~6	183	150	对折边
2、3	180	150	对折边
1		150	对折边

前门襟的配色

行	上针	下针
34、35	187	150
33	462	150
24~32	187	150
23	186	150
22	180	150
12~21	187	150
11	462	150
8~10	187	150
7	180	150
6	186	150
2~5	187	150
挑针		150

※用150线伏针收针 转86页

图书在版编目（CIP）数据

难忘的费尔岛编织之旅 /（日）佐藤千寻著；梦工房译.—郑州：河南科学技术出版社，2014.4（2023.5重印）
ISBN 978-7-5349-6862-4

Ⅰ.①难… Ⅱ.①佐… ②梦… Ⅲ.①手工编织 Ⅳ.①TS935. 5

中国版本图书馆CIP数据核字（2014）第028854号

出版发行：河南科学技术出版社
地址：郑州市郑东新区祥盛街27号　邮编：450016
电话：（0371）65737028　65788613
网址：www.hnstp.cn
策划编辑：刘　欣
责任编辑：张　培
责任校对：徐小刚
封面设计：张　伟
责任印制：张艳芳
印　　刷：河南新达彩印有限公司
经　　销：全国新华书店
开　　本：889 mm × 1 194 mm　1/16　印张：5.5　字数：120 千字
版　　次：2014年4月第1版　2023年5月第2次印刷
定　　价：59.00元

如发现印、装质量问题，影响阅读，请与出版社联系并调换。